Cuisiner pour la famille, les amis,
et accommoder les restes à la française!

法式家常料理一菜 3 吃

法國家庭善用當日大分量料理，
巧妙變成未來兩天不同主菜的聰明方法，
省時省食材，美味更勝常備菜！

上田淳子

用完材料，吃光菜餚
法式風格料理智慧

法國人不會預先做好料理備用，他們不會為了幾天後要吃，就浪費難得的假日製作常備菜。取而代之的是一次做足大分量，並讓料理吃到最後都美味。第二天會將剩菜補足材料，做出和第一天差不多的分量，或是比第一天還多一些。第三天則會將剩下的部分重新變化，這就是法式作風。

例如「生醃鮭魚排」這道料理：第一天直接享用，第二天則加熱至半生熟（「法文稱「mi-cuit」）。通常製作半生熟鮭魚排之前，大多會先將鮭魚醃過後再加熱。若已經備有醃鮭魚，即可用比平常更短的時間完成這道料理。因此第二天只需花費和第一天差不多的烹調時間，就能變化出更複雜的工夫料理。「大量製作」不只可以縮短第二天的烹調時間，也能享用到美好料理。本書最重要的是在介紹法國人這種有條理又巧妙的日常生活智慧。

每當到法國人的家裡做客時，最讓我感到佩服的就是他們對食材的感謝與對料理的尊重。法國人不會糟踏食物，而且絕不浪費。連剩下最後一滴湯汁也會用麵包抹起來吃掉，我認為這就是法國人所展現出的環保精神，以及重視環境的永續性。

法國人把材料用得一乾二淨不留剩餘，為了明天也能吃得津津有味而一次做大分量，並在享用該料理的期間，也持續變化出不同的美味。如果能將這種有條理又巧妙的習慣滲透到一般家庭就好了！這樣不僅能讓每日忙碌的生活變得更輕鬆，也能讓用餐時間變得更加悠然豐足。

上田淳子

本書使用方法

本書所提出的烹煮方式是一次做大分量，然後用三天的時間享用該料理。
之所以如此，是由於書中大部分的料理無論是做第一回或是做到第三回，
所花費的時間和工夫都差不多。
而且一口氣做大分量的話，也能把所有材料都用光，一舉兩得！
當然，書中也介紹了吃起來完全沒有「剩菜感」的變化吃法，
反而會讓人期待第二天、第三天的菜色。
另外，為了確保料理在吃完前都是美味的，也註明了保存期限，
只要還在期限內，即可配合個人的生活步調，自由地運用本書的食譜！

※ 本書中所記載的料理成品「總量」僅供參考。將根據加熱情況或食材的季節、狀態而略有差距。

一次製作
5 人份

À table!

Day 1

第一天：從做好的料理中取 2 人份直接食用。將料理盛至容器後，也可以撒上香草香料或辛香料。剩下的部分可加蓋或用保鮮膜包起，置於冷藏庫保存。在 PART 1「肉類料理」、PART 2「海鮮料理」中介紹的食譜，皆是可作為主菜享用的料理。

Day 2

第二天：從第一天的料理中取 2 人份，可換口味或增添食材。PART 1、PART 2 的食譜設計是，在第一天和第二天皆可作主菜食用。PART 3 的「蔬菜料理」在第一天是作為副菜，第二天則加入肉類或蛋做成主菜。

Day 3

第三天：可將第一天的剩菜（1 人份）加上蔬菜做成沙拉，或是夾在麵包中做三明治，或加米做成燉飯等。也可以將之壓碎成泥做成下酒小菜。不僅吃光光，還很美味，感覺真棒！

Contents

【使用本書之前】

- 製作成 5 人份的料理會標上「À table！」的字樣。
  （在法文中意為「開飯囉！」），將以該料理為底。
  在本書中，建議第一天的料理直接吃，
  第二天、第三天則是用第一天的料理做變化。
- 蒜頭應去芽後再進行烹調。
  帶芽容易燒焦，導致料理出現苦味。
- 白酒使用不甜款，紅酒則使用丹寧低的。
- 1 小匙＝ 5ml，1 大匙＝ 15ml，1 杯＝ 200ml。
  食譜中省略記載蔬菜的「清洗」、「去皮」等一般前置處理。
- 若無特別指示，請先處理過後再進行烹調。
- 鹽的部分使用粗鹽或自然鹽。
  若要使用精鹽，用量請稍微少於食譜記載的分量。
- 書中烤箱料理使用的是瓦斯烤箱。
  燒烤情況將因熱源、機種而異。
  請配合所使用的烤箱做調整。
  請預熱至指定溫度後再開始烤。
- 微波爐功率以 600W 為基準。
  若使用 500W 則加熱時間調整為 1.2 倍，700W 則為 0.8 倍。

Part 1
Viandes 【肉類料理】

Part 2
Poissons 【海鮮料理】

072
Day 1
法式生醃鮭魚

074
Day 2
法式半生鮭魚排

075
Day 3
法式鮭魚抹醬

078
Day 1
彩蔬烤鯛魚

080
Day 2
西班牙鯛魚燉飯

081
Day 3
鯛魚麵包湯

084
Day 1
法式白酒蔬菜湯煮旗魚

086
Day 2
法國奶奶旗魚鹹蛋糕

087
Day 3
尼斯三明治

090
Day 1
馬鈴薯燜鱈魚

092
Day 2
布列塔尼魚湯

093
Day 3
法式鹹鱈魚泥

096
Day 1
法式奶油燉海鮮

098
Day 2
法式海鮮可麗餅

099
Day 3
義式海鮮燉飯

102
Column
「馬鈴薯燜鱈魚」與
變化料理的套餐搭配

Day 1　法式美乃滋水煮蛋
　　　　法式青花菜濃湯
　　　　馬鈴薯燜鱈魚

Day 2　菊苣蘋果沙拉
　　　　布列塔尼魚湯
　　　　法式巧克力慕斯

Day 3　法式鹹鱈魚泥
　　　　菠菜沙拉
　　　　法式牛排薯條

Part 1
Viandes
【肉類料理】

　　正如同法國人愛吃肉的形象，在法國有很多吃起來美味可口的肉類家常菜。除了常見的雞腿肉，他們也擅長把價格親民的大肉塊以細火燉軟或烤箱慢烤。既然都要花時間做菜了，就乾脆一次做很多。這樣的思考模式相當合理對吧。

　　煮出美味肉類料理最重要的關鍵，我認為在於有充分的預醃調味。當然，加熱的方式也是做出美味料理的重要因素，但若事前沒有確實做好預醃，料理是不會好吃的。無論再怎麼用紅酒或醬汁烹煮，肉的調味太淡就會吃不出肉味，而無法感受到肉的美味。每當我看著料理教室的學生們，不知是否過於在乎要「降低鹽分」，預醃時都不太敢放調味料，所以還請稍微放膽地調味下去吧！

　　在本書中，為了能達到充分的預醃調味，因此盡可能地明確記載了鹽的分量。此外，將鹽加在肉上時不是「撒上」而是「抓揉」，烹調時請留意。

肉類應充分預醃調味。
有這道手續，
可大幅提升料理的美味。

法國奶奶香烤雞腿

Fricassée de poulet grand-mère

「Grand-mère」在法文中是祖母的意思。
這道家常菜擁有悠久的烹煮歷史。
融入雞肉和培根鮮味的蔬菜特別地美味。

À table!

保存：冷藏 4～5 天／不可冷凍

材料（5 人份，總量約 1250g）
雞腿肉 … 3 片（750g）
培根（塊狀）… 80g
馬鈴薯 … 4 個（600g）
洋蔥 … 1 個（200g）
蒜頭 … 3 瓣（30g）
鹽、胡椒粉 … 各適量
沙拉油 … ½ 大匙

❶ 烤盤、材料的前置處理
將烤箱烤盤鋪上烘焙紙。馬鈴薯切成一口大
後放入鍋內，倒入約浸過馬鈴薯的水量後開
中火加熱。煮滾後轉小火，約煮 4 分鐘後瀝
去熱水。洋蔥切半月形。蒜頭連皮拍碎。雞
肉剔除多餘脂肪，將每 1 片切成 5 等分，一
共切出 15 小片，接著抹上 1 小匙鹽和適量
胡椒粉入味。培根切條。

❷ 煎雞肉、炒蔬菜
將沙拉油倒入平底鍋內加熱，把雞肉的表皮
朝下並排放入鍋內，以大火約煎 1 分鐘，上
下翻面後再略煎一下，接著將雞皮朝上放在
烤盤中。把洋蔥、蒜頭、馬鈴薯、培根放入
相同的平底鍋內快速略炒，撒上 ⅔ 小匙的
鹽拌勻，然後盛至烤盤上。

❸ 用烤箱烘烤
將雞肉、馬鈴薯、洋蔥、培根、蒜頭均勻排
列在烤盤上，以 200℃的烤箱約烤 15 分鐘，
烤至材料熟透並有焦黃色。

⬇

第一天取 ⅖ 的量（約 500g）直接享用。

為避免雞肉以烤箱烘烤時會
流出肉汁，應先用平底鍋煎
過。

將雞肉的表皮朝上，與其他
材料均勻地擺放在烤盤中。

→ 酥皮雞肉派（P.018）

→紫高麗菜燜雞（P.019）

酥皮雞肉派
Tourte au poulet

在料理上放生派皮烘烤，是十分常見的變化方式。
切開烘烤至焦黃色的派皮，登場的是燜燒過的材料。
請連同壓碎的派皮一起享用。

材料（2 人份，直徑 20 × 高 5 cm的耐熱容器 1 個）

法國奶奶香烤雞腿（p.015）
　…⅖ 量（約 500g）
冷凍派皮（20 × 20 cm）… 1 片
水煮蛋 … 2 顆
洋蔥 … ½ 個（100g）
沙拉油 … ½ 大匙
水 … 1 杯
鹽、胡椒粉 … 各少許

【裝飾蛋液】
　蛋黃 … 1 小匙
　水 … 2 小匙

❶ 炒洋蔥
洋蔥切片。沙拉油倒入平底鍋內加熱，再放入洋蔥拌炒 5 分鐘。炒至稍微上色後倒入 1 杯量的水，煮滾後以鹽、胡椒粉調味，放涼。

❷ 蓋上冷凍派皮
將水煮蛋切成圓片。以法國奶奶香烤雞腿填滿耐熱容器，均勻淋上步驟①，再放上水煮蛋。接著蓋上冷凍派皮（若派皮比容器口小，可用擀麵棍再擀大一點），以手指用力按壓讓派皮緊貼於容器，若有多出的派皮則可做裝飾。接著用長筷在派皮表面戳洞 3 ～ 4 處（讓空氣排出），然後在表面塗上用水稀釋蛋黃的裝飾蛋液。

❸ 用烤箱烘烤
以 200℃的烤箱烤 15 ～ 20 分鐘。將派皮烤出焦黃色後完成。

Point

將香烤雞腿放入耐熱容器中，再放上炒過的洋蔥和水煮蛋。

蓋上冷凍派皮並緊貼於容器上。多餘的冷凍派皮亦可拿來做裝飾。

紫高麗菜燜雞

Fricassée de poulet au chou rouge

放入大量燜熟的蔬菜，做出溫沙拉風。
高麗菜用醋燜過後，滋味爽口。
最後大量撒上黑胡椒粉提味。

材料（2人份）
法國奶奶香烤雞腿（p.015）
　　… ⅕ 量（約 250g）
紫高麗菜（或高麗菜）… 300g
醋 … 1 又 ½ 大匙
水 … ½ 杯
鹽 … ⅓ 小匙
胡椒粉 … 少許
橄欖油 … 1 大匙
粗粒黑胡椒粉 … 適量

❶ 燜煮高麗菜
將紫高麗菜切段後放入鍋內，加入醋、水、鹽、胡椒粉、橄欖油後開中火加熱。煮滾後蓋上鍋蓋以中小火燜煮 5 ～ 8 分鐘，煮至高麗菜變軟。

❷ 烹煮
將香烤雞腿加入步驟①中，全部混合後用中火煮，把煮汁幾乎煮乾即完成。接著盛至容器，撒上粗粒黑胡椒粉。

Point

在紫高麗菜中加入醋、水及調味料，然後燜軟。

香烤雞腿只需稍微溫熱即可，可待高麗菜變軟後再放入鍋內。

Day 1

香烤豬肉

Rôti de porc fondant en cocotte

先將豬肉塊表面煎過鎖住鮮味，
再放入烤箱中燜烤，烤出來的肉質鮮嫩。
將洋蔥放在豬肉塊下煮至軟稠，可用來做醬汁。

保存：冷藏 4～5 天／冷凍 3～4 週

材料（5 人份，豬肉總量約 650g ＋蔬菜＆煮汁約 600g）

豬梅花肉塊（以食品用棉網或棉線綁起）
　… 400g × 2 條
洋蔥 … 3 個（600g）
鹽、胡椒粉 … 各適量
沙拉油 … ½ 大匙
白酒 … ½ 杯
水 … 1 杯
粗粒黑胡椒粉 … 適量

❶ 材料的前置處理

將豬肉抹上 2 小匙鹽、少許胡椒粉，再包上保鮮膜放入冷藏庫一晚（8 小時以上）。洋蔥切片。

❷ 煎豬肉，炒洋蔥

用紙巾擦拭豬肉表面的出水，將沙拉油倒入鍋中加熱後放入豬肉，以中大火煎並不時滾動，表面煎好後取出。將洋蔥放入相同的鍋內快速略炒，再把豬肉擺在洋蔥上，接著倒入白酒、水，煮滾後關火。

❸ 用烤箱烘烤

若鍋子可放入烤箱則蓋上鍋蓋（請確認鍋蓋把手的耐熱溫度，必要時將之更換或包上鋁箔紙），以 180℃的烤箱烘烤 40 分鐘。若鍋子無法放入烤箱，則將材料移至耐熱容器後蓋上鋁箔紙放入烤箱烘烤。

❹ 完成

從烤箱取出，靜置約 5 分鐘。

⬇

第一天取 ⅖ 分量的豬肉（約 260g），切成容易入口的大小後盛至容器。取出剩下的豬肉和約 250g 瀝乾的洋蔥（第二、三天份），保存備用。接著將鍋內剩下的洋蔥和煮汁（約 350g）用中火加熱，以鹽、胡椒粉調味後淋在豬肉上，最後撒上粗粒黑胡椒粉。

Point

將豬肉塊表面先煎過鎖住鮮味，即使水煮也不會過度流失肉汁。

將豬肉放在炒過的洋蔥上，煮滾後再放入烤箱烘烤。

Day 2

→ 香烤豬肉佐鮪魚醬（P.024）

Day 3

→尼斯洋蔥塔（P.025）

香烤豬肉佐鮪魚醬

Rôti de porc froid à la mayonnaise de thon

香烤豬肉作為冷食也很可口。
直接切片後淋上帶著酸豆和檸檬汁酸味的鮪魚醬享用。
無論是作為主菜，或是用來招待客人的前菜都非常適合。

材料（2人份）

香烤豬肉（p.021）… ⅖ 量（約 260g）

【鮪魚醬】

　鮪魚罐頭 … 1 罐（70g）

　美乃滋 … 2 大匙

　酸豆 … 2 小匙

　檸檬汁 … 1 大匙

　鹽、胡椒粉 … 各少許

紅火焰萵苣、貝比生菜（Baby Leaf）等
　… 適量

❶ 製作鮪魚醬

將鮪魚罐頭瀝乾，連同美乃滋、酸豆、檸檬汁放入食物料理機內，攪打至光滑的醬料狀。若太濃可加入少許的牛奶或水（分量外）調整濃度，然後以鹽、胡椒粉調味。

❷ 完成

將香烤豬肉切片，連同紅火焰萵苣、貝比生菜裝盤，再淋上步驟①。

Point

使用食物料理機將罐頭鮪魚、美乃滋、酸豆等攪打至光滑做成佐醬，非常方便。

運用檸檬汁的酸味加強風味，形成既濃郁又清爽的醬料。

尼斯洋蔥塔
Pissaladière au porc

尼斯風味的披薩取決於洋蔥的甜味。
只要有製作香烤豬肉時煮軟的洋蔥，
就能免去炒洋蔥的步驟。
酥脆的餅皮是上田式獨創。

材料（2人份）

香烤豬肉（p.021）的洋蔥部分
　… ½ 量（瀝乾後約 250g）
香烤豬肉（p.021）的豬肉部分 * … 60g
鯷魚 … 2～3 片
黑橄欖（無籽）… 12 顆（約 45g）

【麵團】

　麵粉 … 75g
　泡打粉 … 1 小匙
　牛奶 … ¼ 杯
　原味優格 … 25g
　鹽 … 1 小撮
　橄欖油 … 1 小匙

* 最後剩下的 70g 豬肉，可作三明治的配料等。

❶ 製作麵團

將麵粉、泡打粉放入調理盆中充分混合，放入牛奶、優格、鹽、橄欖油，用橡皮刮刀將麵粉和液體拌勻，攪揉至無麵粉殘留。

❷ 烤餅皮

將烘焙紙鋪在烤盤上，放上步驟①，用沾濕的湯匙背將麵團均勻壓平成 20 × 20 ㎝。接著以 180℃的烤箱烘烤 10 分鐘。

❸ 放上材料，烘烤

將豬肉切碎。洋蔥均勻鋪在步驟②的餅皮上，接著放上撕碎的鯷魚、豬肉、黑橄欖作裝飾，以 180℃的烤箱烘烤 10 分鐘。

Point

在麵團中倒入橄欖油是南法披薩的特色。

由於麵團很軟，所以要放在烤盤上後再用湯匙背壓平。一開始什麼料都不要放，直接進行預烤。

將大量軟化的洋蔥鋪在預烤過的餅皮上。

Day 1

保存：冷藏 4 ～ 5 天／冷凍 3 ～ 4 週

法式茄汁燉牛肉

Bœuf miroton

使用炒至焦糖色的洋蔥和牛肉燉煮，
這道法國家常菜可說是日式牛肉燴飯的原型。
由於番茄和醋的影響，風味濃而不膩為其特色。

材料（5 人份，總量約 1000 g）

牛肉薄片 … 400g

洋蔥 … 4 個（800g）

番茄 … 2 大個（400g）

鹽、胡椒粉 … 各適量

沙拉油 … 1 大匙

醋 … 2 大匙

奶油 … 10g

水 … 2 杯

月桂葉 … 2 片

迷你酸黃瓜 * … 8 條（40g）

熱白飯、核桃（可按喜好）… 各適量

* 迷你酸黃瓜（cornichons）… 法國產的小型酸黃瓜

Point

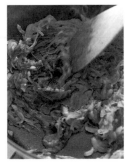

拌炒燜煮過的洋蔥：將水一點點慢慢加入鍋內，讓沾黏的焦色鍋巴浮起，再拌在一起，不斷重複此操作。

將牛肉煎至焦黃色產生濃郁感。此濃郁感即是鮮味的來源。

❶ 材料的前置處理

洋蔥切片。番茄淋上熱水去皮後對半橫切，去籽後切粗碎。牛肉切成容易入口的大小，撒上 ⅓ 小匙鹽、少許胡椒粉。

❷ 炒洋蔥

將沙拉油倒入鍋中加熱，放入洋蔥以中小火快速略炒，再蓋上鍋蓋燜 5 分鐘。之後掀起鍋蓋，將洋蔥不時拌炒至上色後再繼續炒約 15 分鐘（參考下方圖片，一面倒入少許的水讓焦色鍋巴浮起，一面拌炒），待洋蔥轉褐色後，放入番茄、醋煮滾，關火。

❸ 炒牛肉，放入步驟②的鍋內

將奶油放入平底鍋內開中火加熱，奶油融化且冒泡後將牛肉攤開放入鍋內，快速略炒至焦黃色。待牛肉幾乎炒熟後放入步驟②的鍋內。接著將水倒入炒牛肉的平底鍋內稍微煮滾，用木鏟刮起留在鍋底的鮮味，然後倒入步驟②的鍋內。

❹ 煮

將月桂葉、⅔ 小匙鹽、少許胡椒粉放入步驟②的鍋內，煮滾後蓋上鍋蓋，以小火煮 20 ～ 30 分鐘。之後掀起鍋蓋讓煮汁收汁，並放入各少許的鹽和胡椒粉調味。

↓

第一天取 ⅖ 的量（約 400g），加入切粗碎的迷你酸黃瓜稍微煮滾後關火。接著與白飯一同盛入容器，可按喜好撒上切碎的核桃。

Day 2

→俄羅斯奶燉牛肉（P.030）

Day 3

→法式焗洋蔥湯（P.031）

俄羅斯奶燉牛肉

Bœuf stroganoff

用鮮奶油增加濃郁感，並以洋菇提升鮮味，
將茄汁燉牛肉變化成俄羅斯奶燉牛肉。
除了搭配義大利麵之外，也可以配白飯或馬鈴薯泥。

材料（2 人份）

法式茄汁燉牛肉（p.027）
　　… ⅖ 量（約 400g）
白洋菇 … 1 包（100g）
沙拉油 … ½ 大匙
鮮奶油（乳脂肪含量 40％以上）… ¼ 杯
檸檬汁 … 1 小匙
紅椒粉 … 1 大匙
寬板麵（fettuccine）等義大利麵條
　　… 150g

❶ 蔬菜的前置處理

將洋菇的底部硬處切除，切 1 ㎝寬。

❷ 炒

將沙拉油倒入平底鍋內加熱，以中火炒洋
菇。

❸ 煮

待洋菇變軟且開始呈現焦黃色後，加入茄汁
燉牛肉稍微煮滾。接著加入鮮奶油、檸檬
汁、紅椒粉調味。

❹ 完成

煮一鍋沸水並加入少許鹽（分量外），放入
寬板麵，按照麵袋標示時間水煮。將步驟③
盛至容器，搭配寬板麵。亦可按喜好再撒上
紅椒粉。

Point

將法式茄汁燉牛肉加入炒過
的洋菇中燉煮，用洋菇提升
鮮味和口感。

加入鮮奶油可增加濃郁度，
使口感變得濃滑。

法式焗洋蔥湯
Soupe à l'oignon gratinée

一提到細火慢炒的洋蔥，就讓人想吃法式焗洋蔥湯。
使用法式茄汁燉牛肉製作，即可做出有牛肉的豪華洋蔥湯。

材料（2 人份）
法式茄汁燉牛肉（p.027）… ⅕ 量
　（約 200g）
水 … 2 又 ½ 杯
鹽 … ½ 小匙
胡椒粉 … 少許
麵包（法式鄉村麵包等）… 2 片（切薄片）
可融起司 … 30g

❶ 用水稀釋
將茄汁燉牛肉、水放入鍋內，開中火加熱。
煮滾後轉小火煮 2 ～ 3 分鐘，再以鹽、胡椒
粉調味。

❷ 用烤箱烘烤
將步驟①放入耐熱容器中，放上麵包、撒上
起司後，以 200℃的烤箱烘烤 10 ～ 15 分鐘，
待起司烤出焦黃色後即完成。

Point

由於法式茄汁燉牛肉已經熬
出了洋蔥和牛肉的鮮味，所
以只要加水就十分可口。

只要放上麵包、撒上起司，
再用烤箱烘烤即可。

À table!

保存：冷藏 4～5 天／冷凍 3～4 週

＊馬鈴薯不可冷凍

法式烤肉餅

Pain de viande

因為絞肉類料理有點費工夫，因此建議一次烤大分量。
配料只放入洋蔥，可吃出肉類的原汁美味，
之後也更容易做出變化。

材料（5 人份，烤肉餅總量約 700g）

【肉團】

牛豬混合絞肉 … 600g
洋蔥 … 1 個（200g）
麵包粉 … ½ 杯
牛奶 … ⅓ 杯
蛋 … 1 顆
鹽 … 1 小匙
胡椒粉、肉豆蔻 … 各適量
沙拉油 … 1 小匙

紫洋蔥 … 1 個（200g）
新馬鈴薯＊（或小顆馬鈴薯）
　… 6 顆（300g）

＊新馬鈴薯的「新」表示當年採收未經儲藏的新作物。

Point

由於洋蔥會出水，應將絞肉
先調味並充分攪揉後再加
入洋蔥。

為避免肉團裂開必須將空氣
確實排出。可先將肉團分成
3 等分壓出空氣，最後再統
整成一大塊。

❶ 炒洋蔥

將洋蔥切碎，沙拉油倒入平底鍋內加熱，放
入洋蔥以中火炒軟，盛起放涼。

❷ 製作肉團

將麵包粉、牛奶、蛋放入調理盆中充分混
合，待麵包粉變軟後加入絞肉、鹽、胡椒
粉、肉豆蔻充分攪揉，接著加入步驟①繼續
攪拌。

❸ 塑形

將烤盤鋪上烘焙紙。為方便操作，將步驟②
分成 3 等分，分別把空氣拍打出來後放在烤
盤上，最後再統整成均勻無接縫，尺寸 20
× 10 × 6～7（高）cm的肉餅狀。

❹ 用烤箱烘烤

將紫洋蔥切成 12 等分的半月形。馬鈴薯洗
乾淨後帶皮放入調理盆中，加入 ½ 大匙沙
拉油（分量外），讓所有馬鈴薯均勻裹油。
接著將上述材料擺放在步驟③的肉餅周圍，
以 180℃的烤箱烘烤 40 分鐘。烤至刺入竹
籤會流出透明肉汁即完成。

⬇

第一天取 ⅖ 量的烤肉餅（約 280g）切成容
易入口的大小，搭配烤蔬菜（全量），亦可
依喜好配上黃芥末醬。

Day 2

→法式炸肉餅（P.036）

→法式烤肉餅三明治（P.037）

法式炸肉餅
Croquettes de viande

雖然從頭開始做起很累人，但如果已經有肉團的話就不一樣了！
法式炸肉餅即是從這樣的想法中誕生。
成功的關鍵在於麵糊，只要緊緊裹上麵包粉就不會失敗了。

材料（2 人份）
法式烤肉餅的肉部分（p.033）
　… ⅖ 量（約 280g）

【麵糊】
　麵粉 … 2 大匙
　蛋 … 1 顆
麵粉、麵包粉、炸油 … 各適量

【醬汁】
　法式黃芥末醬、番茄醬
　　… 各 2 小匙

❶ 材料的前置處理
將烤肉餅切成 1.5cm 厚，然後再對切成一半。麵包粉用手抓碎。將麵糊的材料混合。將醬汁的材料混合。

❷ 沾麵衣，油炸
將烤肉餅依序沾上麵粉、麵糊、麵包粉，放入 170℃的油鍋，炸 2 ～ 3 分鐘。

❸ 完成
將步驟②盛至容器，配上醬汁。

Point

將麵包粉用手抓碎後即可做出鬆脆的麵衣。

在蛋液裡再加上麵粉成為麵糊，可牢固地沾裹上麵包粉而不易脫落。

法式烤肉餅三明治
Sandwich au pain de viande

夾入法式烤肉餅的奢華三明治。
塗上與奶油同量的黃芥末醬，可使風味更加鮮明。
亦可按喜好夾入番茄。

材料（2 人份）
法式烤肉餅的肉部分（p.033）
　…⅕ 量（約 140g）
奶油萵苣 … 4 片
吐司（10 片裝）… 4 片
奶油、法式黃芥末醬 … 各 10g
美乃滋 … 2 小匙
迷你酸黃瓜 * … 適量

* 迷你酸黃瓜（cornichons）… 法國產的小型酸黃瓜

❶ 材料的前置處理
將烤肉餅切成容易夾進麵包的厚度。奶油萵苣泡水（泡過水會更清脆），然後用紙巾擦乾水分。

❷ 夾進麵包
將 4 片吐司依序塗上奶油、黃芥末醬，其中 2 片放上奶油萵苣後擠上美乃滋，然後分別疊上烤肉餅，再把剩下 2 片吐司分別蓋在肉餅上。切成容易入口的大小後盛至容器，配上迷你酸黃瓜。

Day 1

奶燉牛肝菌豬肩

Filet mignon à la crème et mélange forestier

使用「乾燥牛肝菌（Cèpes）」和其他三種菇類，
煮出這一道香味撲鼻的佳餚。處理燉軟的豬肉時，
先抹麵粉再煎，煎好後暫時取出，最後再放回鍋內。

保存：冷藏 4 ～ 5 天／冷凍 3 ～ 4 週

材料（5 人份，總量約 1100 g）

豬肩肉塊 … 500g
鴻喜菇、香菇、白洋菇
　… 各 1 包（共 300g）
牛肝菌（乾燥）… 7g
洋蔥 … 1 個（200g）
鹽、胡椒粉、麵粉 … 各適量
沙拉油 … 2 大匙
白酒 … ½ 杯
鮮奶油（乳脂肪含量 40% 以上）… 1 杯
巴西里末 … 適量

❶ 蔬菜的前置處理

將牛肝菌用 ½ 杯熱水（分量外）泡軟後切碎，泡汁留下備用。把所有菇類的底部硬處切除，然後鴻喜菇剁散，香菇切成 4 等分，洋菇切成 7 ㎜寬。洋蔥切碎。

❷ 煎豬肉

將豬肉切成 1 ㎝厚，撒上 ⅔ 小匙鹽、少許胡椒粉，然後抹上麵粉。接著在平底鍋內倒入 1 大匙沙拉油加熱，將豬肉並排下鍋，以中火快速將兩面煎過（不要全熟），取出。

❸ 炒菇類

在步驟②的平底鍋內倒入 1 大匙沙拉油加熱，放入洋蔥拌炒，炒軟後（注意不要炒上色）放入所有菇類，拌炒至菇類飽滿膨起。

❹ 製作醬汁

將白酒倒入步驟③內以中火煮，收汁一半後加入牛肝菌泡汁、鮮奶油、切碎的牛肝菌。再次煮滾後繼續煮約 30 秒，然後將豬肉放回鍋內再煮 1 ～ 2 分鐘，把肉煮熟，接著以少許的鹽和胡椒粉調味。

⬇

第一天取 ⅖ 的量（約 440g）盛至容器，撒上巴西里。

將豬肉抹上麵粉後再煎，可避免肉汁流失。

將菇類炒至飽滿並和洋蔥混勻。由於要做出顏色偏白的料理，須留意不要炒至上色。

Day 2

→奶酥粒烤豬肩（P.042）

→蕈菇豬肩酥皮濃湯（P.043）

奶酥粒烤豬肩

Crumble de porc et champignons

奶酥粒是將奶油和麵粉等材料混合而成。
可增添獨特的酥脆口感，讓燉菜變得更豐盛可口。
製作奶酥粒的重點在於避免過度抓揉奶油。

材料（2人份）

奶燉牛肝菌豬肩（p.039）… ⅖量（使用稍微瀝乾的材料，約400g）

【奶酥粒】

| 麵粉 … 50g
| 鹽 … 2小撮
| 奶油（固狀）… 25g
| 核桃（切碎）… 2大匙
| 牛奶 … 2小匙

❶ 製作奶酥粒

將麵粉、鹽、奶油放入調理盆中，一面用手指捏碎，一面攪拌混合，攪至鬆碎狀後加入核桃混合，再倒入牛奶混合，攪拌成結實的鬆碎狀。

❷ 用烤箱烘烤

將奶燉牛肝菌豬肩的豬肉切成容易入口的大小。菇類和奶油醬汁一起放入耐熱容器中，然後撒上步驟①。接著以200℃的烤箱烘烤10分鐘，烤出焦黃色後即完成。烘烤中若不易上色的話請稍微調高溫度。

Point

將奶油一面抓碎，一面均勻裹上麵粉。奶油若太軟則無法抓出鬆碎狀，製作前應充分冷卻。

加入核桃和牛奶，再次混合成鬆碎狀。

將奶燉牛肝菌豬肩放入耐熱容器中，隨意撒上奶酥粒即可。

蕈菇豬肩酥皮濃湯

Dôme de filet mignon à la crème

讓奶燉豬肩肉吃到最後依舊美味的方法，
就是加入牛奶稀釋，然後蓋上冷凍派皮烘烤。
酥脆的派皮加上香稠的濃湯，令人難以抗拒。

材料（直徑 8 ㎝，容量 200 ㎖ 的耐熱容器 2 個）

奶燉牛肝菌豬肩（p.039）
　… ⅕ 量（約 220g）
牛奶 … ⅓ 杯
鹽、胡椒粉 … 各少許
冷凍派皮（10 × 10 ㎝）… 2 片
【裝飾蛋液】
　蛋黃 … 1 小匙
　水 … 2 小匙

❶ 倒入牛奶加熱

將奶燉牛肝菌豬肩的豬肉對切成一半。菇類和奶油醬汁一起放入鍋內稍微加熱後關火，再倒入牛奶充分混合。以鹽、胡椒粉調味後放涼。

❷ 用烤箱烘烤

將步驟①等分放入耐熱容器中，蓋上冷凍派皮（若比容器口小，則用擀麵棍擀大一圈），以手指用力按壓讓派皮緊貼於容器。表面塗上裝飾蛋液，以 200℃ 的烤箱烘烤 15 ～ 20 分鐘，烤出焦黃色後即完成。

Point

將奶燉牛肝菌豬肩加入牛奶，不僅可稀釋濃度同時也增加了分量。

把材料倒入耐熱容器中後蓋上冷凍派皮貼緊，再塗上裝飾蛋液。

四季豆白酒肉丸

Boulettes de viande au vin blanc et haricots verts

經典的法國家常菜。
一整顆柔軟的肉丸加上煮得軟爛的四季豆，
雖然看起來一點都不搶眼，卻是會讓人吃了還想再吃的滋味。

保存：冷藏 4 ～ 5 天／冷凍 3 ～ 4 週

材料（5 人份，總量約 1000g）
【肉丸】
　牛豬混合絞肉 … 600g
　麵包粉 … 1 杯
　牛奶 … 80 ～ 90ml
　鹽 … 1 小匙
　胡椒粉 … 少許

四季豆 … 300g
洋蔥 … ½ 個（100g）
蒜頭 … 2 瓣
番茄乾 … 1 個（10g）
沙拉油 … 1 大匙
白酒 … ½ 杯
水 … 1 杯
鹽、胡椒粉 … 各適量

Point

將肉團充分攪揉，做出柔軟的口感。如果再加入蛋可以讓口感更軟嫩。

煮肉丸之前先將表面煎過，可鎖住肉汁且避免肉丸碎裂。

❶ 材料的前置處理
將洋蔥、蒜頭切碎。番茄乾沾熱水稍微回軟後切細碎。

❷ 製作肉丸，煎熟
將麵包粉、牛奶放入調理盆中攪拌，靜置片刻麵包粉軟化後，加入鹽、胡椒粉、絞肉充分攪揉。然後分成 15 等分搓成肉丸。接著在平底鍋內倒入 ½ 大匙沙拉油加熱，把肉丸並排放入鍋內，蓋上鍋蓋以中火煎約 2 分鐘。將肉丸翻面，不蓋鍋蓋再煎 1 ～ 2 分鐘後取出。

❸ 製作煮汁
將步驟②的平底鍋用紙巾擦掉多餘油脂，倒入 ½ 大匙沙拉油加熱，放入洋蔥、蒜頭以中火拌炒，炒軟後倒入白酒以中火收汁。

❹ 加入肉丸烹煮
待步驟③的煮汁約剩一半後，加入水、½ 小匙鹽、番茄乾混合，再加入四季豆，煮滾後蓋上鍋蓋以小火燜煮 8 ～ 10 分鐘。四季豆變軟後將步驟②的肉丸放回鍋內，蓋上鍋蓋，煮滾後以小火再煮 2 ～ 3 分鐘。若煮汁過多則掀起鍋蓋，讓煮汁稍微收汁，再以鹽、胡椒粉調整味道。

↓

第一天取 ⅖ 的量（約 400g，肉丸 6 顆）直接享用。

Day 2

→法式番茄鑲肉（P.048）

→法式焗烤蔬菜肉丸（P.049）

先將煮汁倒入番茄盅裡靜
置，可使番茄入味。

將肉丸塞入番茄盅，之後放
入烤箱烘烤即可。

法式番茄鑲肉
Tomates farcies

原本的作法是將生肉團塞入番茄中，
但如果塞入已經燉熟的肉丸，就能大幅縮短烹煮時間。
加上番茄的酸味，吃起來輕盈爽口。

材料（2 人份）
四季豆白酒肉丸（p.045）… ⅔ 量（約
　400g，肉丸 6 顆）
番茄（約能塞入肉丸的大小）… 6 個
橄欖油 … 1 大匙

❶ 番茄的前置處理
番茄去除蒂頭，從底部切下一片做蓋子，裡
頭挖空。接著倒蓋在紙巾上去除內部水分。
挖出來的部分留下備用。

❷ 將肉丸塞入番茄
取少量的肉丸煮汁倒入步驟①的番茄盅中，
然後塞入稍微弄碎的肉丸，接著並排放在耐
熱容器上。

❸ 用烤箱烘烤
將挖出來的番茄肉切碎後放入調理盆，倒入
橄欖油充分混合，然後放在步驟②上。以
200℃的烤箱烘烤 10 分鐘。要將番茄蓋放在
番茄杯旁邊一起烤，裝盤時再蓋上。

❹ 完成
將肉丸的四季豆放入耐熱容器中，蓋上保鮮
膜用微波爐加熱，再放在步驟③旁。

法式焗烤蔬菜肉丸

Gratin de pain rassis au fromage et aux boulettes de viande

加入麵包、撒上起司後烘烤，就是一道輕鬆簡單的焗烤。
沒什麼特別的訣竅與作法，只是把材料切成容易入口的大小。
敬請趁熱享用！

材料（2 人份）
四季豆白酒肉丸（p.045）… ⅕ 量（約
　200g，肉丸 3 顆）
喜好的麵包（法國麵包等）… 40g
披薩起司絲 … 40g
粗粒黑胡椒粉 … 適量

❶ 材料的前置處理
將麵包切丁。把肉丸切成容易入口的大小，
四季豆切成 3 ～ 4 ㎝長。

❷ 用烤箱烘烤
將步驟①均勻放入耐熱容器中，撒上起司以
200℃的烤箱烘烤 10 分鐘，然後撒上粗粒黑
胡椒粉。

Point

將肉丸切成一半的大小，方
便使用湯匙或叉子食用。

只需將肉丸和麵包均勻放
入容器，再撒上起司烘烤即
可。起司可依個人喜好使用。

Day 1

À table !

保存：冷藏 4～5 天／冷凍 3～4 週

普羅旺斯燉雞腿
Poulet à la provençale

在法國普羅旺斯地區經常會做這道使用了
番茄、蒜頭、橄欖的燉菜。
肉質飽滿的雞肉，加上酸甜適中的番茄味，真是最佳組合！

材料（5 人份，總量約 1400 g）
雞腿肉 … 3 片（750g）
洋蔥 … 1 個（200g）
蒜頭 … 3 瓣
黑橄欖（無籽）… 18 顆（約 70g）
鹽、胡椒粉 … 各適量
橄欖油 … 2 大匙
白酒 … ½ 杯
水煮番茄（丁塊狀罐頭）… 2 罐（800g）
普羅旺斯香料＊（或迷迭香、百里香等）
　… 適量

＊普羅旺斯香料（Provence Herbs）… 也稱作「Herbes de Provence」，含百里香、鼠尾草及迷迭香等的綜合香草料。

❶ 材料的前置處理
將洋蔥切片。蒜頭切碎。雞肉剔除多餘脂肪，將 1 片分切成 5 等分，共切出 15 塊，然後加 1 小匙鹽、適量胡椒粉抓醃。

❷ 微煎雞肉
在平底鍋內倒入 1 小匙橄欖油加熱，雞肉表皮朝下並排放入鍋內，以大火約煎 1 分鐘，再翻面略煎一下後取出。

❸ 製作煮汁
將步驟②的平底鍋用紙巾擦掉多餘油脂，倒入剩下的橄欖油（1 又 ⅔ 大匙）加熱，以中火炒洋蔥、蒜末約 2 分鐘。炒軟後倒入白酒，收汁至一半。接著加入水煮番茄、普羅旺斯香料，並加入稍微用手指捏開的黑橄欖，煮滾後以小火約煮 5 分鐘。

❹ 加入材料烹煮
將步驟②放回鍋內，再次煮滾後，以小火約煮 5 分鐘，雞肉煮熟後以 ½ 小匙鹽、少許胡椒粉調味。
↓
第一天取 ⅖ 的量（約 560g）直接享用。

Point

煎雞肉流出的脂肪會影響料理風味，需要去除，但帶鍋巴的部分則具鮮味，可保留。

將白酒倒入炒過的洋蔥、蒜頭再收汁，可煮出深厚的層次和濃郁度。

Day 2

→番茄雞肉凍（P.054）

Day 3

→香辣雞肉蔬菜湯（P.055）

番茄雞肉凍
Rillettes de poulet à la provençale

將做好的燉菜於隔天加入吉利丁冷卻凝固，
在法國是非常受歡迎的料理變化方式。
和溫熱時有不同的美味，也可作為前菜享用。

材料（5 人份，550 ml 的容器 1 個）
普羅旺斯燉雞腿（p.051）
　… ⅖ 量（約 560g）
甜椒（黃）… 1 小個（100g）
吉利丁粉 … 10g
水 … 1 杯
鹽、胡椒粉 … 各少許
羅勒葉 … ½ 包

❶ 將吉利丁泡軟
將 3 大匙水（分量外）倒入小調理盆中，撒
入吉利丁粉後全部攪拌混合，靜置約 5 分鐘
泡開。

❷ 材料的前置處理
去除甜椒的蒂頭和籽，切成 2 cm 的丁狀。將
雞腿取出，切成容易入口的大小。

❸ 將吉利丁溶解，冷卻凝固
將步驟②、水放入鍋內開中火加熱，煮滾後
關火，加入步驟①充分混合，並以鹽、胡椒
粉調味，放涼。降溫後加入大致撕碎的羅勒
葉，倒入喜好的容器中，再放入冷藏庫冷卻
凝固。

Point

將燉菜一度加熱後關火，再
放入泡開的吉利丁煮溶。

羅勒葉加熱會變色，因此須
等煮汁降溫後再加入。

香辣雞肉蔬菜湯

Marmite de poulet aux épices et courgette

在燉菜的變化料理當中最簡單的就是湯類。
製作重點在於使用多種辛香料，
即可迅速變身成香氣豐富、促進食慾的湯品。

材料（2 人份）

普羅旺斯燉雞腿（p.051）… ⅕ 量
　（約 280g）
櫛瓜 … 1 小條（150g）
橄欖油 … 1 小匙
水 … 2 杯
芫荽粉 … 1 小匙
孜然粉 … ½ 小匙
鹽、胡椒粉 … 各適量
卡宴紅辣椒 … 少許

❶ 蔬菜的前置處理

將櫛瓜切成較厚的圓片。

❷ 烹煮

鍋內倒入橄欖油加熱，放入步驟①以中火快
速略炒，加入燉雞腿、水、芫荽粉、孜然
粉，煮滾後以小火約煮 5 分鐘。蔬菜煮熟後
以鹽、胡椒粉調味，並加入卡宴紅辣椒。

Point

將櫛瓜快速略炒後，再加入
普羅旺斯燉雞腿。

加入辛香料讓香氣變得更豐
富，和原本的燉菜比起來別
有一番風味。

Day 1

À table!

法式紅酒燉牛腱
Bœuf bourguignon

發源於法國布根地地區的法式紅酒燉牛腱，
並非特殊節日料理，而是像日本的馬鈴薯燉肉般的日常食物。
配上馬鈴薯泥最對味，請務必一起搭配。

保存：冷藏 4 ～ 5 天／冷凍 3 ～ 4 週

材料（5 人份，總量約 1300 g）
牛腱肉 … 800g
洋蔥 … 2 個（400g）
胡蘿蔔 … 1 大根（200g）
西洋芹 … 1 條（100g）
鹽、胡椒粉、麵粉 … 各適量
沙拉油 … 1 大匙
奶油 … 15g
紅酒 … 1 瓶（750ml）
月桂葉、百里香 … 各適量
馬鈴薯泥（參照 p.60）… 全量

❶ 蔬菜的前置處理
將 1 個洋蔥切薄片，另 1 個切成 3 ㎝塊狀。
胡蘿蔔切成 3 ㎝塊狀。西洋芹去除硬絲後切
片。

❷ 將牛肉煎過後取出
將牛肉切成 3 ～ 4 ㎝的塊狀，加 1 小匙鹽、
少許胡椒粉抓醃，再抹上薄薄一層麵粉。鍋
中倒入沙拉油加熱，並排放入牛肉，以中火
將表面煎至焦褐色後取出。

❸ 炒蔬菜
奶油放入步驟②的鍋內融化，加入切薄片的
洋蔥、西洋芹，以中火約炒 5 分鐘。稍微上
色後加入胡蘿蔔、切塊的洋蔥，再約炒 2 分
鐘。

❹ 烹煮
將所有材料均勻裹油後，牛肉放回鍋內，倒
入紅酒煮滾，撈去浮沫，然後放入月桂葉、
百里香，蓋上鍋蓋，以小火燉 1 ～ 1 小時
30 分，燉至牛肉可用筷子順利刺穿的程度。
掀起鍋蓋稍微收汁，用各少許的鹽和胡椒粉
調味。

↓

第一天取 ⅖ 的量（約 520g）盛至容器，搭
配馬鈴薯泥。

Point

將牛肉的表面煎出焦褐色鎖
住鮮味後，暫時取出。

炒出蔬菜的甜味和風味後，
再將牛肉放回鍋內。

Day 2

→法式薯泥焗牛肉（P.060）

Day 3

→法式紅酒牛肉歐姆蛋（P.061）

法式薯泥焗牛肉
Hachis parmentier

這是將馬鈴薯泥和切碎的肉相疊在一起烤的料理，
雖然也可以使用絞肉，但用牛腱肉的話則加倍美味。
請用叉子將牛腱戳散至容易入口的大小後再使用。

材料（2 人份）

法式紅酒燉牛腱（p.057）
　… ⅖ 量（約 520g）

【馬鈴薯泥】

　馬鈴薯（五月皇后等品種）
　　… 2 個（300g）
　牛奶 … 約 ⅓ 杯
　奶油 … 15g
　鹽 … 2 小撮
　胡椒粉 … 少許

❶ 製作馬鈴薯泥

將馬鈴薯切成一口大，冷水下鍋以中火水
煮。煮軟後倒掉熱水，趁熱用搗碎器或叉子
壓成柔滑的泥狀。接著將馬鈴薯泥集中在鍋
邊，加入牛奶、奶油後，以中火加熱。煮滾
後迅速攪拌混合，以鹽、胡椒粉調味。

＊馬鈴薯的硬度因品種不同而有相當大的差異，倒入牛奶時應
邊看情況邊做調整，直到呈濃稠柔滑狀即完成。

❷ 將材料相疊於耐熱容器內

將燉牛腱放入耐熱容器中，用叉子戳散。接
著將步驟①用湯匙均勻平鋪蓋在牛肉上，並
用叉子劃出紋路。

❸ 用烤箱烘烤

以 200℃的烤箱烘烤 15 ～ 20 分鐘。

Point

將牛奶倒入馬鈴薯後，請務
必煮滾後再攪拌。否則將會
變得又黏又稠。

將法式紅酒燉牛腱放入耐熱
容器中，再均勻鋪上馬鈴薯
泥。使用湯匙背部較易抹開。

法式紅酒牛肉歐姆蛋

Omelette au bœuf bourguignon

將紅酒燉牛肉作為醬汁使用的豪華歐姆蛋。
以不輸多蜜醬的濃厚醬汁搭配歐姆蛋，
美味無庸置疑。

材料（2人份）

法式紅酒燉牛腱（p.057）
　… ⅕ 量（約 260g）
蛋 … 4 ～ 6 顆
牛奶 … 2 大匙
鹽、胡椒粉 … 各少許
沙拉油 … 2 小匙

❶ 蛋、醬汁的前置處理

將蛋打入調理盆中攪散，倒入牛奶充分混合，並以鹽、胡椒粉調味。燉牛腱用叉子稍微戳散，然後蓋上保鮮膜用微波爐加熱。

❷ 製作歐姆蛋

分別製作 1 人份：平底鍋內倒入 1 小匙沙拉油，以大火加熱，倒入一半的蛋液。用長筷迅速攪拌，呈半熟的炒蛋狀後停止攪拌並數約 3 秒（像是將底部做出蛋皮的感覺），接著傾斜平底鍋，一面將蛋整形成樹葉狀，一面盛至容器。以相同方式再做一個。

＊為了能迅速裝盤，可將容器放在手邊備用。

❸ 完成

在步驟②的周圍淋上步驟①的燉牛腱。

Point

製作歐姆蛋：將平底鍋的油充分加熱，再倒入蛋液，然後迅速攪拌混合。

當蛋液變成鬆弛的炒蛋狀後靜置 3 秒，然後再傾斜平底鍋，一面讓歐姆蛋靠向右側，一面整形成樹葉狀。

以右手持容器，一面傾斜平底鍋，一面將歐姆蛋移至容器中。

Day 1

法式麵包師香烤
馬鈴薯豬肉
Rôti de porc boulangère

À table!

保存：冷藏 4 ～ 5 天／不可冷凍

「Boulangère」指的是麵包師傅的意思。
名稱源自於過去人們會拜託附近的麵包師傅，
以窯爐餘溫來烤這道料理。
融入豬肉鮮甜的馬鈴薯，總之就是美味！

材料（5 人份，總量約 1200g）

馬鈴薯（五月皇后等品種）… 4 個（600g）
豬梅花厚片 … 5 片（500g）
洋蔥 … 2 個（400g）
蒜頭 … 3 瓣
培根（塊狀）… 50g
沙拉油 … 2 大匙
水 … 2 又 ½ 杯
鹽、麵粉 … 各適量
胡椒粉 … 少許
奶油 … 15g
迷迭香 … 少許

❶ 材料的前置處理
將馬鈴薯切成略小於 1 ㎝寬的圓片，洋蔥、
蒜頭切片。培根切成長條狀。將每片豬肉切
成 2 ～ 3 等分。

❷ 蔬菜先炒後煮
鍋內倒入 1 大匙沙拉油加熱，放入洋蔥、蒜
片以中火拌炒，稍微呈焦黃色後加入培根繼
續拌炒。稍微上色後加入水、1 小匙鹽、馬
鈴薯，煮滾後再約煮 1 ～ 2 分鐘後關火。

❸ 煎豬肉
將豬肉以 ⅔ 小匙鹽、胡椒粉抓醃，再抹上
薄薄一層麵粉。平底鍋加入 1 大匙沙拉油加
熱，放入豬肉以中大火煎至焦褐色。

❹ 用烤箱烘烤
將步驟②和步驟③的材料交互重疊至耐熱容
器中，然後淋上加熱過的步驟②煮汁，撒上
奶油塊。蓋上鋁箔紙，以 180℃的烤箱烘烤
20 分鐘。取下鋁箔紙後再烤 20 分鐘，放上
迷迭香後再烤 2 ～ 3 分鐘。

⬇

第一天取 ⅖ 的量（約 480g）直接享用。

Point

將豬肉和馬鈴薯交互重疊擺放，讓豬肉的鮮味轉移至馬鈴薯上。

淋上蔬菜和培根的煮汁，充分留住美味。

Day 2

→馬鈴薯烘蛋（P.066）

Day 3

→馬鈴薯溫沙拉（P.067）

馬鈴薯烘蛋

Tortillas de porc

用蛋將香烤馬鈴薯豬肉包起來的一種歐姆蛋。
由於餡料本身已具風味，因此調味時只需補足味道即可。
製作訣竅在於使用小型平底鍋，並運用盤子翻面。

材料（2 人份）

法式麵包師香烤馬鈴薯豬肉（p.063）
　…⅖ 量（約 480g）
蛋 … 4 ～ 5 顆
鹽、胡椒粉 … 各少許
橄欖油 … 1 又 ½ 大匙

❶ 材料的前置處理

將香烤馬鈴薯豬肉的湯汁瀝掉，豬肉切成
7 ～ 8 mm寬，馬鈴薯切成容易入口的大小。

❷ 製作蛋液

將蛋打入調理盆中攪散，加入步驟①的所有
材料，以鹽、胡椒粉調味。

❸ 用平底鍋煎

在直徑 20 cm的平底鍋內倒入橄欖油加熱，
然後倒入步驟②，一面以中火煎，一面輕柔
地攪拌至半熟狀。接著轉小火約煎 4 分鐘至
底部凝固，將盤子蓋在平底鍋上，翻面，取
出烘蛋，再把烘蛋滑回鍋內，約煎 3 分鐘至
內部熟透。

Point

將長筷伸入材料中，一面輕
輕攪拌，一面加熱至半熟狀。

蓋上比平底鍋大一圈的盤
子，連同平底鍋翻面，將烘
蛋倒在盤子上。

將盤子上的烘蛋直接滑入平
底鍋內，加熱另一面。

香烤馬鈴薯豬肉的豬脂肪冷掉後會凝固，須以微波爐加熱。馬鈴薯也是加熱後較容易弄碎。

馬鈴薯溫沙拉

Salade chaude aux pommes de terre et au porc

熱呼呼的馬鈴薯是做成沙拉也很好吃的食材。
這道沙拉有著黃芥末籽醬的酸味、迷你酸黃瓜的口感，以及紫葉菊苣的苦味。
三種獨特的滋味讓沙拉的風味瞬間轉換成大人口味。

材料（2人份）

法式麵包師香烤馬鈴薯豬肉（p.063）
　　… ⅕ 量（約 240g）
水煮蛋 … 1 顆
迷你酸黃瓜 * … 3 條（15g）

【沙拉醬汁】
　黃芥末籽醬 … 1 小匙
　鹽 … 少許
　胡椒粉 … 少許
　紅酒醋 … 2 小匙
　橄欖油 … 1 又 ½ 大匙

紫葉菊苣、巴西里末 … 各適量

＊迷你酸黃瓜（cornichons）… 法國產的小型酸黃瓜

❶ 材料的前置處理

將豬肉切成 7 ～ 8 ㎜寬，並連同香烤馬鈴薯豬肉的其他材料一起放入耐熱容器中，蓋上保鮮膜用微波爐加熱，然後將馬鈴薯取出稍微壓碎。將水煮蛋稍微壓碎。迷你酸黃瓜切粗碎。

❷ 製作沙拉醬汁

將沙拉醬汁材料中的橄欖油以外的材料放入調理盆內充分混合，待鹽溶解後一面分次倒入橄欖油，一面攪拌。

❸ 完成

將步驟①中除了迷你酸黃瓜以外的材料大致擺放在容器中，然後撒上迷你酸黃瓜、巴西里末，配上紫葉菊苣，淋上步驟②即完成。

p.44

p.44

Column
「四季豆白酒肉丸」與變化料

Entrée

前菜

法式奶油燜鮮蔬

Day 1

材料（2人份）與作法：

【前菜】將 10g 奶油、⅓ 杯水、1 個蕪菁、3～4 根綠蘆筍（各切成容易入口的大小）放入平底鍋內，蓋上鍋蓋，開中火加熱。煮滾後燜煮 3～5 分鐘，接著掀起鍋蓋，收汁，用各少許的鹽和胡椒粉調味。

【甜點】將喜好的起司和果乾搭配成拼盤。

Premie Entrée

前菜1

法式茄子醬

Day 2

材料（2人份）與作法：

【前菜1】將 2 條茄子去除蒂頭，用烤網架烤至變軟後去皮。再用菜刀切碎後拍打成泥糊狀。接著加少許蒜泥、½ 大匙橄欖油、各少許的鹽和胡椒粉調味。可按自己喜好放在法國麵包上。

【前菜2】將 ½ 大匙橄欖油和 1 小瓣蒜頭（切碎）放入平底鍋內，開中火加熱，冒出香氣後放入 1 條櫛瓜（切成 3 mm 圓片），然後以少許的鹽和胡椒粉及 ½ 大匙醋調味。

Entrée

前菜

法式涼拌胡蘿蔔

Day 3

材料（2人份）與作法：

【前菜】將 1 大匙檸檬汁、1 小匙孜然籽、⅓ 小匙鹽、少許胡椒粉、略少於 2 大匙的橄欖油放入調理盆中攪拌，接著加入 1 根胡蘿蔔（刨絲）混合。

【甜點】將 ½ 杯水、2 大匙砂糖放入調理盆中充分混合，再放入 ½ 顆蘋果、1 顆柳橙（各切成 1.5 cm 的丁狀）、4 顆草莓（切成容易入口的大小）、1 小匙 kirsch 櫻桃酒等酒類，充分混合，然後置於冷藏庫 1 小時冷卻。最後放上薄荷裝飾。

理的套餐搭配

將介紹過的料理，搭配前菜和甜點的
三組套餐建議。

Plat

主菜

p.044

四季豆白酒肉丸

Dessert

甜點

起司果乾拼盤

Deuxième Entrée

前菜2

蒜香酒醋炒櫛瓜

Plat

主菜

p.046

法式番茄鑲肉

Plat

主菜

p.047

法式焗烤蔬菜肉丸

Dessert

甜點

法式水果沙拉

Part 2
Poissons
【海鮮料理】

　　在法國可以吃到的魚種類不像日本那麼多，
不過法國人也是滿貪吃的，即使魚的種類較少，
他們也會運用各種烹飪手法來享受魚肉。例如所
謂的「半生熟（mi-cuit）」，刻意僅煎熟至 ⅓ 厚的
部分，即可同時享受到生食和熟食，這正是法國
料理才會有的烹飪法。此外，還有例如把魚醃漬
後直接生吃的方法，用烤箱燒烤、煮魚湯，以及
用少量的水進行燜煮等方法。所謂「煮」的烹調
法也和日本不太一樣，比起像日本會將魚充分調
味，在法國更常見的作法是用香草料或蔬菜來煮
魚，藉此消除腥味的同時也淡淡地調味。若是能
了解法國特有的烹飪法，魚類料理的種類與幅度
想必會更加寬廣多變。

　　烹煮魚類料理時最需要留意的就是煮熟的方
法。許多魚類都很容易熟，但過熟就會使肉質乾
柴。因此，與蔬菜等其他食材一起加熱時，就要
注意放入食材的時機。用烤箱燒烤的時候，應先
烤蔬菜，中途再把魚放在蔬菜上進行短時間燒
烤。煮的時候也同樣是在中途加入，然後迅速烹
煮。而使用多種魚貝類時也必須配合食材特性，
要將各食材下鍋的時間點分段錯開。有時也要計
算到餘熱，迅速煮熟後關火，然後直接靜置，利
用餘熱也可將魚加熱到適當的熟度。

海鮮勿過度加熱。
應錯開時間分段下鍋，
有時亦可利用餘溫。

Day 1

À table!

保存：冷藏 3 ～ 4 天／冷凍 3 ～ 4 週

＊生食可冷藏 2 ～ 3 天

法式生醃鮭魚

Saumon mariné

醃漬過的鮭魚排去除了腥味且入口即化。
作法只需醃漬靜置，但正因為很簡單，
前置處理是否妥善是最重要的關鍵。

材料（5 人份，總量約 400 ～ 500g）
鮭魚排（生食用）… 400 ～ 500g
鹽 … 略多於 1 小匙
【醃漬液】
> 檸檬 … 1 片
> 橄欖油 … 4 大匙
> 胡椒粉 … 少許

喜好的香草料（細菜香芹〔chervil〕、蒔蘿
等）、粉紅胡椒粉、粗粒黑胡椒粉 … 各適量

❶ 將鮭魚排抹鹽
將鮭魚排抹鹽，放入冷藏庫靜置約 30 分鐘
備用。之後將表面的出水和鹽以流水清洗，
用紙巾擦乾水分。

❷ 醃漬
將檸檬片去皮後切成 8 等分。將醃漬液的材
料放入保鮮容器中，加入步驟①整個沾滿醃
漬液，然後緊貼保鮮膜以免接觸空氣，接著
蓋上蓋子冷藏一晚醃漬。

⬇

第一天取步驟② 2/5 的量（160 ～ 200g，剩
下的醃漬液倒回去），表面用紙巾擦過後切
成容易入口的片狀。接著盛至容器，撒上香
草料、粉紅胡椒粒、粗粒黑胡椒粉。

Point

抹鹽靜置片刻後的出水帶有
腥味，須以流水洗淨。

將保鮮膜緊貼在鮭魚排上避
免接觸空氣。亦可放入保鮮
袋醃漬。

Day 2

→法式半生鮭魚排（P.076）

→法式鮭魚抹醬（P.077）

法式半生鮭魚排

Pavé de saumon mi-cuit à la purée de pomme de terre

「mi-cuit」在法文中意指「半生熟」。
將醃漬過的鮭魚排煎熟至 ⅓ 厚處，
這道料理可同時享受煎熟與幾乎是生肉的口感與味道。

材料（2 人份）

生醃鮭魚排（p.073）

　… ⅖ 量（160 ～ 200g）

【馬鈴薯泥】

| 馬鈴薯 … 1 大個（200g）

| 橄欖油 … 2 大匙

| 牛奶 … 2 大匙

| 鹽、胡椒粉 … 各少許

喜好的香草料（有的話）… 適量

❶ 製作馬鈴薯泥

將馬鈴薯切成扇形，冷水下鍋以中火水煮。煮軟後倒掉熱水，放至調理盆中，趁熱用搗碎器或叉子壓成柔滑的泥狀，然後倒入橄欖油、牛奶混合，以鹽、胡椒粉調味。

❷ 煎鮭魚排

將生醃鮭魚排切成 2 等分，放入平底鍋內以極小火慢慢加熱。待變色處達鮭魚排厚度 ⅓ 再略高一點即完成。

❸ 完成

溫熱容器，將步驟①平鋪於容器中，再放上步驟②。接著淋上少許橄欖油（分量外），若有喜好的香草料亦可放上。

Point

從側面觀察，煎熟至比鮭魚排厚度 ⅓ 再略高一點。　　觸摸上方，若稍微有點變熱也是煎好的判斷指標之一。

法式鮭魚抹醬

Rillettes de saumon

將生醃鮭魚排微波加熱後壓成光滑狀，
再拌入奶油和奶油乳酪做成抹醬。
由於起司帶有適度的酸味，讓麵包再多也吃得下。

材料（2人份）
生醃鮭魚排（p.073）
　…⅕ 量（80 ～ 100g）
白酒 … 1 大匙
奶油（已軟化）… 20g
奶油乳酪（已軟化）… 15 ～ 20g
鹽、胡椒粉 … 各少許
蒔蘿 … 適量
喜好的麵包 … 適量

❶ 將鮭魚排微波加熱
將生醃鮭魚排放入耐熱容器中，淋上白酒後蓋上保鮮膜，用微波爐加熱 1 分鐘，取出後靜置放涼。

❷ 壓成鮭魚泥
將步驟①放入調理盆中，用叉子壓成光滑的泥糊狀。

❸ 調味
將奶油、奶油乳酪放入步驟②中，然後全部攪拌均勻，試味後加入鹽、胡椒粉、切碎的蒔蘿，再次攪拌。搭配切片麵包食用。

Point

將微波後的鮭魚壓成光滑狀，然後加入置於室溫軟化的奶油和奶油乳酪攪拌。

Day 1

彩蔬烤鯛魚

Dorade à la méditerranéenne

將魚肉和蔬菜一起烤，兩者形成相輔相成的美味。
先將蔬菜烤出甜味，接著再放上魚肉烤熟即可。
藉由先後放入食材的時間差，烤出的鯛魚肉質飽滿不乾柴！

保存：冷藏 3 ～ 4 天／不可冷凍

材料（5 人份，鯛魚總量 5 塊＋蔬菜約 800g）

帶皮鯛魚切塊 … 5 塊（500 ～ 600g）
甜椒（紅、黃）… 各 1 個（300g）
洋蔥 … 1 大個（250g）
白洋菇 … 2 包（200g）
小番茄 … 10 顆（200g）
蒜頭 … 4 瓣
鹽 … 適量
胡椒粉 … 少許
橄欖油 … 4 大匙
香草料（百里香、迷迭香等）… 適量

❶ 鯛魚的前置處理

將鯛魚用 1 小匙鹽抓醃，靜置約 5 分鐘。之後將表面的出水和鹽以流水清洗，用紙巾把水分擦乾，撒上胡椒粉，拌上 1 大匙橄欖油。

❷ 蔬菜的前置處理

將甜椒去除蒂頭和籽，與洋蔥一起切成 3 ㎝的塊狀。洋菇的底部硬處切除，較大朵的可切成對半或 4 等分。小番茄去除蒂頭。蒜頭對半直切。

❸ 用烤箱烤蔬菜

將烘焙紙鋪在烤盤上，把步驟②除了小番茄以外的所有材料鋪放在烤盤中，撒上略少於 1 小匙的鹽，淋上 3 大匙橄欖油。接著將所有材料攪拌均勻，以 200℃ 的烤箱烘烤 5 分鐘。

❹ 放上鯛魚續烤

將烤盤取出後全部再拌合，放上香草料，再將鯛魚並排放在蔬菜上，撒上小番茄。再次以 200℃ 的烤箱烘烤 10 ～ 15 分鐘。待鯛魚烤熟後即完成。

↓

第一天取 ⅖ 的量（2 塊鯛魚與約 320g 的蔬菜）直接享用。

Point

先烤蔬菜，充分烤出甜味。需要先在蔬菜上拌些油以避免烤過乾。

魚肉烤過頭肉質容易變柴、小番茄易熟，應於烘烤後段再放入。

Day 2

→西班牙鯛魚燉飯（P.082）

→鯛魚麵包湯（P.083）

西班牙鯛魚燉飯

Dorade façon paëlla

將烤熟的蔬菜加水熬成湯汁，
再用湯汁煮米，完整吃進美味一點都不剩。
吃的時候可以擠上檸檬汁。

材料（2人份）

彩蔬烤鯛魚（p.079）… ⅖ 量
　（鯛魚 2 塊，蔬菜約 320g）
米 … 1 米杯（180ml）
水 … 1 杯
番紅花 … 1 小撮
橄欖油 … 1 大匙
檸檬（切半月形）… 4 片
巴西里末 … 適量

❶ 材料、煮汁的前置處理

將鯛魚取出，去骨後把魚肉大塊剝開備用。
接著將水、剩下的蔬菜放入鍋內（有湯汁的
話一起倒入），開中火加熱。煮滾後關火，
放入番紅花靜置一段時間讓顏色出來。

❷ 炒米，用湯汁炊煮

平底鍋內倒入橄欖油加熱，加入米，以小火
約炒 1 分鐘。均勻上油後將步驟①的湯汁連
同蔬菜一起倒入鍋內，開中火加熱。煮滾後
轉極小火，約煮 10 分鐘（期間不要觸碰）。

❸ 放上鯛魚炊煮

放上鯛魚，輕輕蓋上鋁箔紙當蓋子，炊煮約
5 分鐘。取下鋁箔紙，轉中火，一面煮去水
分，一面加熱約 30 秒（為了在鍋底煮出適
度的鍋巴）。撒上巴西里，搭配檸檬。

Point

米不用洗，直接放入熱油中　用蔬菜熬出的湯汁煮米。剩
拌炒至米粒均勻裹上油。　　下的蔬菜直接放在米飯上作
　　　　　　　　　　　　　為材料使用。

鯛魚麵包湯
Bouillon de poisson aux légumes

在法國有許多利用剩麵包做成的美味料理。
其中之一就是煮成湯。
分量十足，早餐時光喝這道湯就夠了。

材料（2 人份）

彩蔬烤鯛魚（p.079）… ⅕ 量
　　（鯛魚 1 塊，蔬菜約 160g）
法式鄉村麵包等（已變硬）… 1 片
水 … 3 杯
鹽、胡椒粉 … 各少許

❶ 材料的前置處理

將鯛魚去骨，剝成大塊。麵包稍微烤過後切成容易入口的大小。

❷ 烹煮

將步驟①的鯛魚、剩下的蔬菜、水，放入鍋內，開中火加熱。煮滾後以鹽、胡椒粉調味，加入麵包。

Point

一面拔掉鯛魚的骨頭以易於入口，一面將魚肉剝成大塊。

加水熬煮烤蔬菜和鯛魚，不用放入市售的高湯塊就十分美味。

À table!

法式白酒蔬菜湯煮旗魚

Espadon au court-bouillon

讓魚肉帶著香味蔬菜的香氣，烹煮的同時也去除了魚腥。
首先將淡味的魚肉連同蔬菜一起品嚐。
不趁熱而是稍微放溫後再吃，是道地的吃法。

保存：冷藏 3～4 天／不可冷凍

材料（5 人份，旗魚總量 5 塊）
旗魚 … 5 塊（500g）
【白酒蔬菜湯】

| 洋蔥 … ¼ 個（50g）
| 胡蘿蔔 … ⅓ 根（50g）
| 西洋芹 … 50g
| 月桂葉 … 1 片
| 白酒 … ¼ 杯
| 醋 … 2 大匙
| 水 … 5 杯
| 胡椒粉 … 少許

鹽 … 1 小匙
橄欖油 … 1 大匙
檸檬 … ½ 個
粗粒黑胡椒粉、蒔蘿（有的話）… 各適量

❶ 製作白酒蔬菜湯
洋蔥切薄片。胡蘿蔔切成圓片（較大片者切半圓片）。西洋芹切成薄片。將白酒蔬菜湯的所有材料放入鍋內，開中火加熱。煮滾後轉小火，約煮 10 分鐘後關火。

❷ 旗魚的前置處理
旗魚抹鹽，靜置約 5 分鐘。之後將表面的出水和鹽以流水清洗，用紙巾擦乾水分。

❸ 以白酒蔬菜湯煮旗魚
將步驟②放入步驟①中開中火加熱，煮滾後轉極小火，約煮 3 分鐘後關火，靜置到稍微變溫。

⬇

第一天，取 2 塊旗魚和所有瀝乾的蔬菜放在容器中，然後淋上橄欖油，撒上粗粒黑胡椒粉，配上檸檬，放上蒔蘿。

Point

用鍋子烹煮白酒蔬菜湯的材料，煮出蔬菜和香草料的香味。白酒可增添風味，醋則有助於去腥。

當湯汁帶有蔬菜和香草料的香味後，放入旗魚煮熟。約煮 3 分鐘，以免魚肉太柴。

Day 2

→法國奶奶旗魚鹹蛋糕（P.088）

Day 3

→尼斯三明治（P.089）

將旗魚一面用手粗略剁碎一　將粉類過篩後撒入調理盆。
面加入麵糊中。　　　　　　由於過度攪拌麵糊會導致成
　　　　　　　　　　　　　品變硬，請稍微從底部往上
　　　　　　　　　　　　　舀起拌勻即可。

法國奶奶旗魚鹹蛋糕
Pain de poisson de grand-mère

原文直譯為「法國奶奶的鮪魚罐頭鹹蛋糕」。
大多是以鮪魚罐頭製作，
此處則使用了奢華的手工旗魚碎肉，也很適合當作輕食或鹹點。

材料（8 × 17 × 高 7 ㎝的磅蛋糕模具 1 個）
法式白酒蔬菜湯煮旗魚（p.085）
　　… 旗魚 2 塊（160g）
麵粉 … 150g
泡打粉 … 1 小匙
A｜　蛋 … 2 顆
　　沙拉油、牛奶 … 各 60ml
　　檸檬汁 … 1 又 ½ 大匙
　　檸檬皮刨屑 … ½ 個份
　　起司粉 … 50g
　　巴西里末 … 30g（10 大匙）
　　鹽 … ½ 小匙
　　胡椒粉 … 少許

❶ **前置準備**
將蛋糕模鋪上烘焙紙。

❷ **製作麵糊**
將 A 中的蛋打入調理盆中攪散，再放入 A
其餘的材料，用打蛋器混合。攪拌均勻後，
將旗魚一面用手剁碎，一面放入調理盆，以
橡皮刮刀混合。接著將麵粉和泡打粉混合，
過篩撒入盆中，稍微攪拌至無粉塊，注意不
要攪拌過度。

❸ **烘烤**
將步驟②倒入磅蛋糕模具中，再拿起模具
輕輕往桌上敲一敲，讓麵糊平整。接著以
180℃的烤箱烘烤 30 ～ 40 分鐘。烘烤至刺
入竹籤後不會沾上麵糊即完成。

尼斯三明治

Pan bagnat à la niçoise

「Pan bagnat」是法國尼斯當地的三明治。
一般是將尼斯沙拉夾入如漢堡般的圓型麵包中。
「bagnat」在法文意為「潮濕的」，因此旗魚要充分拌上沙拉醬汁。

材料（2 人份）
法式白酒蔬菜湯煮旗魚（p.85）
　　… 旗魚 1 塊（80g）
番茄 … ½ 個（70g）
水煮蛋 … 1 顆
黑橄欖（無籽）、萵苣 … 各適量
【法式沙拉醬】
　法式黃芥末醬、紅酒醋 … 各 1 小匙
　鹽、胡椒粉 … 各少許
　橄欖油 … 1 大匙

麵包（軟式法國麵包、漢堡等）… 2 個
奶油 … 適量

❶ 將旗魚拌上沙拉醬
除了橄欖油以外，將法式沙拉醬的所有材料放入調理盆中充分混合，再分次倒入橄欖油攪拌。將旗魚一面用手剝成容易入口的大小，一面放入盆中，然後充分拌上沙拉醬。

❷ 夾料的前置處理
將番茄、水煮蛋切成容易入口的大小。黑橄欖用手剝成一半。萵苣泡水（萵苣泡過水會更清脆），再將水分確實擦乾。

❸ 夾麵包
將麵包塗上奶油，夾入步驟①、②。

Point

製作沙拉醬：將油以外的材料充分混合，待鹽完全溶解後再分次倒入油攪拌混合，使之確實乳化。

旗魚要入味才好吃，因此將旗魚粗略剝碎後，需和沙拉醬充分拌勻。

Day 1

À table!

保存：冷藏 3～4 天／不可冷凍

馬鈴薯燜鱈魚

Cabillaud au vin blanc et pommes de terres,
ou à l'étouffée

鱈魚和馬鈴薯也是絕佳搭配。
用少量的水分燜煮，將美味發揮到極致。
等蔬菜變軟後再放上鱈魚，即是美味的祕訣。

材料（5 人份，鱈魚總量 5 塊＋蔬菜約 850 g）

鱈魚 … 5 塊（500 g）
馬鈴薯 … 4 個（600 g）
洋蔥 … 1 個（200 g）
蒜頭 … 3 瓣
鹽 … 適量
胡椒粉 … 少許
橄欖油 … ⅓ 杯
水、白酒 … 各 ½ 杯
粗粒黑胡椒粉 … 適量

❶ 材料的前置處理

將鱈魚用 1 小匙鹽抓醃，靜置約 5 分鐘。之後將表面的出水和鹽以流水清洗，用紙巾擦乾水分。馬鈴薯切成 5 mm 厚的半圓片，洋蔥和蒜頭切片。

❷ 燜煮蔬菜

將 1 大匙橄欖油、洋蔥、蒜片放入平底鍋內，中火約炒 1 分鐘。所有材料均勻裹油後，加入馬鈴薯和水，煮滾後蓋上鍋蓋燜 3～5 分鐘。之後掀起鍋蓋稍微攪拌，以少許鹽、胡椒粉調味。

❸ 放上鱈魚燜煮

將鱈魚放在步驟②上，倒入白酒，蓋上鍋蓋以中火約燜煮 5 分鐘。

⬇

第一天取 ⅖ 的量（2 塊鱈魚與約 340 g 的蔬菜）盛至容器，淋上剩下的橄欖油（約 50 ㎖），撒上粗粒黑胡椒粉。

Point

用少量的水分將蔬菜燜熟。將馬鈴薯切成 5 mm 厚方便快速煮熟。

因鱈魚易熟，所以要在蔬菜幾乎熟透時再放上鱈魚。然後淋上去腥用的白酒燜煮。

Day 2

→布列塔尼魚湯（P.094）

→法式鹹鱈魚泥（P.095）

布列塔尼魚湯
Cotriade bretonne

被稱為「北方馬賽魚湯」的法國布列塔尼地區鄉村料理。
融合了海鮮的鮮味和鮮奶油的濃醇，是全家人肯定都愛的奶燉料理。
貝類使用淺蜊或文蛤皆可。

材料（2人份）
馬鈴薯燜鱈魚（p.091）
　… 鱈魚 2 塊＋蔬菜約 340g
蝦子（帶殼）… 4 隻（80g）
貽貝（淺蜊、文蛤亦可）… 4 個
太白粉 … 1 小匙
沙拉油 … 1 小匙
白酒 … ⅓ 杯
水 … 2 杯
【奶油麵糊】
　│ 麵粉、奶油 … 各 10g

鮮奶油（乳脂肪含量 40％以上）… 2 大匙
鹽、胡椒粉 … 各少許

❶ 海鮮的前置處理
將蝦子剝殼並剔除腸泥，放入調理盆後加入太白粉和少許水（分量外）充分攪拌，當太白粉變成灰色後用水清洗，瀝乾水分後以紙巾擦拭。把貽貝上的藻（足絲）拔除，用棕刷刷洗表面。

❷ 燜煮
將沙拉油倒入鍋中加熱，放入蝦子以中火快速略炒，然後加入貽貝、白酒，蓋上鍋蓋約燜煮 1 分鐘。接著掀起鍋蓋，將煮汁稍微收汁，再加入水、馬鈴薯燜鱈魚稍微煮滾。

❸ 以奶油麵糊勾芡
將奶油麵糊材料中的奶油軟化後放入調理盆中，再放入麵粉，以湯匙充分攪開。取 1 杓份的步驟②煮汁加入調理盆中，充分混合使麵糊化開，然後再倒入步驟②的鍋內。一面攪拌，一面用中火煮，變濃稠後倒入鮮奶油，以鹽、胡椒粉調味。

Point

將蝦子炒出鮮味，貝類以白酒燜煮。

加水燜煮蝦子、貝類，再將馬鈴薯燜鱈魚連同煮汁倒入鍋內。

麵粉和奶油以煮汁溶解後倒入鍋內，可以增加料理的濃稠度。

法式鹹鱈魚泥
Brandade de cabillaud

本來是使用鱈魚乾製作這道料理,此處則採用燜煮鱈魚。
為了便於壓碎可使用微波爐加熱,且壓碎要趁熱。
柔軟滑順的薯泥非常適合搭配稍微烤脆的麵包。

材料（2人份）
馬鈴薯燜鱈魚（p.091）
　…鱈魚 1 塊＋蔬菜約 170g
橄欖油…2～4 大匙
鹽、胡椒粉…各少許
法國麵包…適量

❶ 用微波爐加熱
將馬鈴薯燜鱈魚瀝去湯汁,鱈魚去皮去骨後放入耐熱容器中,蓋上保鮮膜用微波爐加熱 2 分鐘。

❷ 搗碎後調味
將步驟①趁熱以搗碎器或叉子搗碎至柔滑,然後分次倒入橄欖油調整成喜愛的軟硬度,以鹽、胡椒粉調味。

❸ 完成
將法國麵包切片後略烤,搭配步驟②。

Point

將微波加熱過的馬鈴薯燜鱈魚趁熱壓碎至光滑。

分次倒入橄欖油,可按喜好增減油量。

Day 1

法式奶油燉海鮮

Marmite de la mer au chou fleur

受到大眾歡迎的海鮮奶油醬口味。
由於蝦子和帆立貝過熟會變硬，
炒完後應暫時取出，最後放回鍋內時注意勿加熱過度。

材料（5 人份，總量約 1400g）

蝦子（帶殼）… 中型 10 隻（250g）
熟帆立貝 … 10 小顆（150g）
鮭魚 … 3 塊（300g）
白花椰菜 … 200g
白洋菇 … 1 包（100g）
洋蔥 … 1 個（200g）
太白粉 … 1 小匙
鹽、胡椒粉 … 各適量
奶油 … 15g
麵粉 … 1 大匙
白酒 … ¾ 杯
水 … ½ 杯
鮮奶油（乳脂肪含量 40％以上）… 1 杯
巴西里末 … 適量

❶ 海鮮的前置處理

將蝦子尾部以外的殼剝掉，剔除腸泥。放入調理盆加入太白粉和少許水（分量外）充分攪拌，當太白粉變成灰色時用水清洗，瀝乾水分後以紙巾擦拭。將蝦子、帆立貝稍微撒上鹽、胡椒粉。把鮭魚用略少於 1 小匙的鹽抓醃再靜置約 5 分鐘，之後迅速用水清洗，以紙巾將水分擦乾，切成容易入口的大小。

❷ 蔬菜的前置處理

將白花椰菜分成小朵。洋菇的底部硬處切除後切成一半或 4 等分。洋蔥切碎。

❸ 炒蝦子、帆立貝

將 7.5g 奶油放入鍋內開中火加熱，融化且冒泡後放入蝦子、帆立貝迅速和奶油炒勻，當蝦子的表面變紅後取出（中心不用熟透）。

❹ 燜煮蔬菜

將剩餘的 7.5g 奶油放入步驟③的鍋內開小火加熱，奶油融化且冒泡後放入洋蔥約炒 1 分鐘。炒軟後將麵粉撒入鍋內輕輕攪拌，麵粉融合後倒入白酒轉大火，一面攪拌，一面收汁至白酒剩下一半的程度。接著加入水、白花椰菜、洋菇，煮滾後蓋上鍋蓋以中小火燜煮約 4 分鐘。

❺ 烹煮

待白花椰菜煮軟後掀起鍋蓋，加入鮮奶油、鮭魚，以中大火約煮 2 分鐘。鮭魚幾乎煮熟後將步驟③放回鍋內，以鹽、胡椒粉調味，再煮 1～2 分鐘。

⬇

第一天取 ⅖ 的量（約 560g）盛至容器，撒上巴西里。

Point

洋蔥炒軟後撒入麵粉，確實攪拌均勻，可以增加料理的稠度。

將白酒倒入鍋內收汁，可提升料理鮮味，帶出濃郁深厚的層次。

Day 2

→法式海鮮可麗餅（P.100）

→義式海鮮燉飯（P.101）

當可麗餅皮的邊緣上色後就是翻面的時機，可使用竹籤將餅皮挑起。

留下約 2 大匙的奶醬當作淋醬，其餘分成 4 等分放在可麗餅皮上包捲起來。

法式海鮮可麗餅
Crêpes de la mer

煎得薄薄的可麗餅皮，散發出香甜的奶油味。
從餅皮中亮相的奶油燉菜，好吃到沒話說。
將奶油燉菜稍微加熱後淋在餅皮上，看起來也很有滿足感。

材料（2 人份）
法式奶油燉海鮮（p.097）
　　… ⅖ 量（約 560g）

【可麗餅皮／4 片份】

　奶油 … 5g
　蛋 … 1 顆
　麵粉 … 50g
　牛奶 … 130ml

沙拉油 … 適量
巴西里末 … 適量

❶ 製作可麗餅麵糊
奶油放入耐熱容器中，不必蓋上保鮮膜，以微波爐加熱融化。取另一個調理盆，將蛋打入，攪散，再放入麵粉用打蛋器充分混合，然後倒入牛奶攪拌，再以濾網過篩，最後加入融化奶油混合，放入冷藏鬆弛約 30 分鐘。

❷ 煎可麗餅
在平底鍋面塗上一層薄薄的沙拉油，倒入 ¼ 量的步驟①，薄而勻均地附著於鍋面，煎至凝固後翻面，將另一面也稍微煎過後取出。以同樣作法煎出 4 片。

❸ 加熱奶油燉海鮮
將奶油燉海鮮放入鍋內以中大火加熱，另取 2 大匙奶油醬備用。

❹ 包捲可麗餅
將步驟②的可麗餅皮分別放上 ¼ 量的步驟③，然後包捲起來。一共做出 4 個裝盤。步驟③留下的奶油醬加入巴西里末混合，淋在可麗餅上。

義式海鮮燉飯
Risotto de la mer

做燉飯時，米芯稍微保留一些口感比較好吃。
其訣竅在於米不洗而直接炒。
將法式奶油燉海鮮的湯汁分兩次加入，讓米粒吸收湯汁。

材料（2 人份）

法式奶油燉海鮮（p.097）
　… ⅕ 量（約 280g）
米 … 1 米杯（180ml）
洋蔥末 … ¼ 個份（50g）
水 … 2 杯
橄欖油 … 1 又 ½ 大匙
白酒 … ¼ 杯
帕馬森起司 … 2 ～ 3 大匙
鹽、胡椒粉 … 各少許

❶ 將湯汁和湯料分開

將奶油燉海鮮和水混合，再把湯汁和湯料分開。

❷ 炒洋蔥、米

平底鍋內倒入橄欖油加熱，放入洋蔥以小火炒 1 ～ 2 分鐘至變軟（注意避免燒焦）。米不必清洗直接放入鍋內，將所有材料炒至均勻上油且米粒變熱，約炒 1 分鐘。

❸ 用湯汁煮米

將白酒倒入步驟②，以大火煮沸，煮至幾乎無水分後倒入一半的步驟①湯汁。煮滾後將整鍋攪拌混合，以中小火煮 6 ～ 7 分鐘（將火力調整成讓整鍋冒小泡泡的程度），燉煮時不要翻動。待水分變少後倒入步驟①剩下的湯汁，大致攪拌後轉大火，煮滾後轉小火再煮 5 ～ 6 分鐘。若米粒已煮好但水分仍偏多的話，則將火轉大稍微煮去水分。

❹ 完成

加入步驟①的湯料後稍微加熱，然後拌入帕馬森起司，試味後以鹽、胡椒粉調味。接著盛至容器，可按喜好再撒上帕馬森起司。

Point

待全部的米粒變透明後，倒入一半用水稀釋的奶油燉湯汁。

當一半的湯汁被米粒吸收後，再加入剩下的湯汁。分兩次倒入湯汁就是把燉飯煮出嚼勁的祕訣。

p.90

Column

「馬鈴薯燜鱈魚」與

前菜1

法式美乃滋水煮蛋

Day 1

材料（2人份）與作法：

【前菜1】將 2 大匙美乃滋、½ 小匙醋、1 小匙牛奶、各少許的鹽和胡椒粉混合，淋在 2 顆水煮蛋上（已剝殼）。

【前菜2】將 1 棵青花菜（分成小朵）、½ 個洋蔥（切薄片）、10g 奶油、⅓ 杯水放入鍋內，蓋上鍋蓋以中火燜煮 5 分鐘。接著撒入 1 大匙麵粉，加入 2 杯水、1 個西式高湯塊，以小火煮 5 分鐘。煮好後用果汁機攪打至光滑，然後倒入 ½ 杯牛奶、¼ 杯鮮奶油（乳脂肪含量 40%以上），加入鹽、胡椒粉。

前菜

菊苣蘋果沙拉

Day 2

材料（2人份）與作法：

【前菜】將 ½ 小匙黃芥末醬、各少許的鹽和胡椒粉、1 小匙紅酒醋、1 大匙沙拉油放入調理盆中混合，然後加入 1 棵吉康菜（菊苣）、⅓ 顆蘋果（各自切成容易入口的大小）拌勻。接著盛至容器，撒上粗略剁碎的 20g 藍紋起司，再撒上適量粗粒黑胡椒粉。

【甜點】將 1 杯鮮奶油（乳脂肪含量 40%以上）用小鍋加熱後關火，加入 100g 烘焙用的甜巧克力（切碎）。巧克力融化後充分混合並放涼，然後移至調理盆中加入 1 小匙白蘭地攪拌。將調理盆底部放在有冰塊的冰水上打發，再置於冷藏庫約 1 小時冷卻。

前菜1

p.093

法式鹹鱈魚泥

Day 3

材料（2人份）與作法：

【前菜2】將 30g 培根（切成長條狀）用 1 大匙沙拉油炒脆，稍微撒上鹽、胡椒粉，加入 1 大匙紅酒醋迅速攪拌混合，然後鋪在 70g 的沙拉菠菜上，撒上 4 瓣核桃（切粗碎），再撒上粗粒黑胡椒粉。

【主菜】煎牛排肉之前先置於室溫下約 15 分鐘回溫，然後撒上鹽、胡椒粉，將平底鍋倒入 1 小匙沙拉油加熱，以中大火煎牛排（肉的厚度 1 cm 煎 2 分鐘，2 cm 煎 4 分鐘）。接著搭配以 170℃的炸油炸過兩次的薯條（切1 cm 方條狀）和裂葉芝麻菜。

變化料理的套餐搭配

將介紹過的料理，搭配前菜和甜點的三組套餐建議。

Deuxième Entrée

前菜2

法式青花菜濃湯

Plat

主菜

p.090

馬鈴薯燜鱈魚

Plat

主菜

p.092

布列塔尼魚湯

Dessert

甜點

法式巧克力慕斯

Deuxième Entrée

前菜2

菠菜沙拉

Plat

主菜

法式牛排薯條

將蔬菜煮至熟透軟爛。
透過加熱，
展現出食材本身的鮮甜。

Part 3
Légumes
【蔬菜料理】

　　法國蔬菜料理的烹調方法和日本截然不同，這是我當初在法國研修料理時最感到訝異的部分。例如沒有日本常見的「水煮」烹調，加熱料理也很少運用「快速加熱」。由於法國人非常喜歡吃沙拉等生菜，因此對於葉菜類的清脆感相當重視。然而把蔬菜加熱時最注重的卻非口感，而是發揮出蔬菜原有的鮮甜味。不「快速加熱」而是「細火慢燉」地將蔬菜煮軟，品嚐透過加熱才得以展現的自然鮮甜，我認為這就是法式風格。最近在法國雖然也開始出現保留蔬菜口感的燜煮烹調法，但最受歡迎的還是把蔬菜燉至軟爛。

　　烹調菇類時也非快速略炒，而是烤至焦黃色除去多餘水分。烤出焦色的菇類，咀嚼時會噴出鮮甜的菇汁，請務必試著品嚐這份美味。另外，考量到日本蔬菜含水量較多，因此我在最喜歡的料理「普羅旺斯燉菜」的作法上做了一些調整。即使相同的食材，光是不同的加熱方式就能產生巨大變化，希望大家可以體會看看。

Day 1

À table!

普羅旺斯燉菜

Ratatouille

為人熟悉的蔬菜料理。若是使用水分較多的日本蔬菜，
可先製作紅醬，並於最後放入炒過的蔬菜。
能分別品嚐各種蔬菜的美味，就是這道「普羅旺斯燉菜」。

保存：冷藏 4～5 天／冷凍 3～4 週

材料（5 人份，總量約 1500 g）

茄子 … 2 條（250g）

洋蔥 … 2 個（400g）

甜椒（紅、黃）… 各 1 個（300g）

青椒 … 4 個（160g）

櫛瓜 … 1 條（230g）

蒜頭 … 1 瓣

水煮番茄（丁塊狀罐頭）… 1 罐（400g）

橄欖油 … 3 大匙

鹽 … 適量

胡椒粉 … 少許

普羅旺斯香料＊… 略少於 1 小匙

＊普羅旺斯香料（Provence Herbs）… 也稱作「Herbes de Provence」，含百里香、鼠尾草及迷迭香等的綜合香草料

❶ 蔬菜的前置處理

將蒜頭以外的蔬菜切成 2～3 cm的小塊。蒜頭拍碎。

❷ 製作紅醬

將蒜頭、1 大匙橄欖油放入鍋內開小火加熱，冒出香氣後加入水煮番茄。煮滾後轉極小火並加入 ½ 小匙的鹽，一面不時攪拌，一面約煮 5 分鐘後關火。

❸ 炒蔬菜

將 1 大匙橄欖油倒入平底鍋內以大火加熱，放入洋蔥、甜椒、青椒炒軟，以 ½ 小匙的鹽調味，然後加入步驟②中。將 1 大匙橄欖油倒入相同的平底鍋內以大火加熱，放入茄子和櫛瓜翻炒，炒至均勻裹油後以 ½ 小匙的鹽調味，也加入步驟②中。

Point

將炒熟時間相近的洋蔥、青椒、甜椒一同炒軟，然後放入紅醬中。

將茄子、櫛瓜炒至全部裹油，也放入紅醬中。

❹ 烹煮

將步驟②的鍋子開中火加熱，放入普羅旺斯香料，蓋上鍋蓋以小火煮 8～10 分鐘（注意避免燒焦）。之後掀起鍋蓋，轉大火，煮去多餘的水分，以鹽、胡椒粉調味。

↓

第一天取 ⅖ 的量（約 600g）直接享用。

夏蔬雞翅腿庫司庫司

Pilons de poulet façon couscous

利用可煮出鮮味的雞翅腿來變化普羅旺斯燉菜。
善用辛香料的風味，每一口都讓人吃得上癮。

將雞肉表面抹上辛香料再煎。為避免損失辛香料的香味，雞肉略煎即可。

材料（2人份）

普羅旺斯燉菜（p.107）… ⅖ 量（約 600g）
雞翅腿…6 支（350g）

A	鹽 … ½ 小匙 　胡椒粉 … 少許
	芫荽粉、紅椒粉、孜然粉 … 各 ⅔ 小匙

橄欖油 … 1 大匙

B	水 … 2 杯
	百里香…少許　月桂葉 … 1 片

C	芫荽粉、紅椒粉、孜然粉
	… 各 1 小匙
	孜然籽 … ½ 小匙
	卡宴紅辣椒 … 少許

鹽、胡椒粉…各適量
北非小米（couscous，庫司庫司）

⇒ 將 100g 北非小米、½ 杯水、½ 小匙鹽、½ 大匙橄欖油放入耐熱容器中混合，靜置約 10 分鐘膨發。之後蓋上保鮮膜用微波爐加熱約 30 秒。

哈里薩辣醬 *（可按喜好）…適量

* 哈里薩辣醬（harissa）…北非米麵料理不可或缺的非洲辣椒醬

❶ 肉的前置處理

將雞翅腿從骨頭兩側切出刀痕，以 **A** 抓醃。

❷ 烹煮

鍋內倒入橄欖油以中火加熱，放入步驟①略煎一下，待所有雞翅腿均勻裹油後放入 **B**，煮滾後轉中小火約煮 10 分鐘。接著加入普羅旺斯燉菜和 **C**，再煮 3 ～ 5 分鐘，然後以鹽、胡椒粉調味。

❸ 完成

將北非小米盛至容器，放上步驟②，可按喜好拌入哈里薩辣醬食用。

普羅旺斯燉菜杯

Verrine de ratatouille

「Verrine」在法文中指的是放入玻璃杯中的料理。
此處使用冰透的普羅旺斯燉菜製作。

將鹽、胡椒粉放入優格中調味後靜置，做出適合搭餐的味道。

材料（2人份）

普羅旺斯燉菜（p.107，已放涼）
　… ⅕ 量（約 300g）
希臘優格 * … 100g
鹽、胡椒粉 … 各少許
羅勒葉（有的話）… 適量

* 以一般原味優格代替希臘優格時，須將 200g 過濾成 100g 來使用。

❶ 調味優格

將優格放入調理盆中，加入鹽、胡椒粉充分混合。

❷ 完成

將已冷卻的普羅旺斯燉菜放入玻璃杯中，淋上步驟①，有羅勒葉的話可放上。

Day 2

Day 3

À table!

法式奶油彩蔬
Jardinière de légumes

「Jardinière」在法文中是指「園藝師」，
亦指「使用奶油烹煮五彩繽紛的蔬菜」。
使用少量水分煮出的蔬菜味道濃郁，且仍保留蔬菜口感。

保存：冷藏 4～5 天／不可冷凍

材料（5 人份，總量約 1000 g）

白花椰菜 … 1 小棵（300g）

胡蘿蔔 … 1 根（150g）

洋蔥 … 1 個（200g）

蕪菁 … 3 個（350g）

青豌豆（從豆莢取出）… 1 杯（150g）

月桂葉 … 1 片

奶油 … 30g

水 … ½ 杯

鹽 … 1 小匙

胡椒粉 … 少許

粗粒黑胡椒粉（可按喜好）… 滴量

❶ 蔬菜的前置處理

將白花椰菜分成小朵。胡蘿蔔切成長 3 ㎝、粗 1 ㎝的方條狀。洋蔥切成 2 ㎝的塊狀，蕪菁切半月形。

❷ 燜煮

將步驟①、青豌豆、月桂葉、奶油、水放入鍋內，蓋上鍋蓋開中火加熱。煮滾後以中火約燜煮 8 分鐘至蔬菜變軟（注意避免水分煮乾）。

❸ 煮去水分

掀起鍋蓋煮去多餘水分，以鹽、胡椒粉調味。

↓

第一天取 ⅖ 的量（約 400g）直接享用。盛至容器，可按喜好撒上粗粒黑胡椒粉。

Point

加入 ½ 杯的水量。使用少量的水來煮，蔬菜味道更濃郁。

蔬菜煮軟後，掀起鍋蓋，煮至幾乎無水的程度（如圖）。

法式蔬菜布丁塔

Flan aux légumes

這是一道加入蔬菜的不甜布丁「Flan」。
內含大量燜煮蔬菜，可作為主菜享用。

將法式奶油彩蔬等材料放入
耐熱容器中，再倒入布丁塔
蛋液烤熟即可。

材料（容量 300 ml 的容器 2 個）
法式奶油彩蔬（p.111）… ²/₅ 量
　（約 400g）
培根 … 1 片（20g）
【布丁塔蛋液】
　蛋 … 2 顆
　鮮奶油（乳脂肪含量 40％以上）、牛奶
　　… 各 ½ 杯
　鹽 … ⅓ 小匙
　胡椒粉 … 少許
可融起司 … 30g

❶ 材料的前置處理
將培根切成 2 ㎝寬。

❷ 製作布丁塔蛋液
將蛋打入調理盆中攪散，倒入鮮奶油、牛奶
充分混合，以鹽、胡椒粉調味。

❸ 用烤箱烘烤
將奶油彩蔬、步驟①、起司放入耐熱容器中
輕輕攪拌，再倒入步驟②的布丁塔蛋液，以
170℃的烤箱烤 25 ～ 30 分鐘。烤至中央刺
入竹籤後不會流出液體即完成。

法式羅勒蔬菜沙拉

Salade de légumes sauce basilic

將酸酸甜甜的小番茄放入奶油彩蔬中，
並加入橄欖提味做成沙拉。

加入羅勒醬大略攪拌，做出
的沙拉可口又美觀。

材料（2 人份）
法式奶油彩蔬（p.111）… ⅕ 量
　（約 200g）
小番茄 … 4 顆
黑橄欖（無籽）… 8 個（約 30g）
羅勒醬（市售）… 2 小匙

❶ 蔬菜的前置處理
將小番茄、黑橄欖切成一半。

❷ 攪拌混合
將所有材料放入調理盆中拌勻。

Day 2

Day 3

Day 1

白豆燉菜

Haricots blancs aux petits lardons

正因為煮豆子是很費時的作業，一次做大量比較有效率。
煮的時候放入蔬菜和辛香料增添香味是法式作風。
風味溫和，吃再多也不膩。

À table!

保存：冷藏 4～5 天／冷凍 3～4 週

材料（5 人份，總量約 1700g）

白腰豆（乾燥的手亡豆等
　豆粒偏小的品種）… 400g
洋蔥 … 1 個（200g）
胡蘿蔔 … 1 根（180g）
培根（塊狀）… 80g
橄欖油 … 3 大匙
月桂葉 … 1 片
鹽 … 略多於 1 小匙
胡椒粉 … 少許

❶ 材料的前置處理

將白腰豆迅速清洗，用大量的水浸泡一整晚
把豆子泡軟。洋蔥、胡蘿蔔切成 1 cm的小
丁。培根切條。

❷ 炒蔬菜

鍋內倒入 2 大匙橄欖油，放入洋蔥、胡蘿蔔
以中火快速略炒。

❸ 烹煮豆子

將白腰豆置於篩網上瀝乾水分後加入步驟②
中，倒入幾乎浸過豆子的水量（約 1 ℓ，分
量外），放入月桂葉後開中火加熱。煮滾後
轉極小火，將鍋蓋放偏留一小縫，約煮 1 小
時把豆子煮軟。途中若水分變少則補水（維
持大約浸過豆子的水量）。之後加入培根，
再煮 5 分鐘，然後以鹽、胡椒粉調味，最後
加入 1 大匙橄欖油混合。

↓

第一天取 ⅖ 的量（約 680g）直接享用。

Point

煮豆子同時放入蔬菜、月桂
葉，讓豆子增添蔬菜和辛香
料的香味。

豆子煮軟後加入培根，讓香
濃的培根味轉移至豆子上。

法式卡蘇萊白豆燉肉

Cassolette de haricot et saucisse

這是法國南部隆格多克地區的鄉村料理。
使用已煮熟的豆子即可輕鬆製作。

將煎過的豬肉裹上番茄糊入味。

材料（2人份）

白豆燉菜（p.115）… ⅖ 量（約 680g）
豬梅花肉排 … 2 片（200g）
西式香腸（喜好的種類）… 4 條（150g）
鹽 … ⅓ 小匙
胡椒粉 … 少許
A ｜ 麵包粉 … 3 大匙
　　橄欖油 … 1 大匙
橄欖油 … ½ 大匙
番茄糊 … 1 大匙

❶ 材料的前置處理

將豬肉切成一半，以鹽、胡椒粉抓醃。將 A
混合。

❷ 烹煮

平底鍋內倒入橄欖油加熱，以中大火煎豬肉
兩面。待兩面煎出焦褐色後加入番茄糊快速
拌勻，再加入白豆燉菜，輕輕攪拌後再加入
西式香腸煮 5 分鐘。

❸ 用烤箱烘烤

將步驟②移至耐熱容器中，以 180℃的烤箱
烘烤 10 分鐘。取出後淋上 A，再次以 180℃
的烤箱烘烤 5 ～ 10 分鐘，將麵包粉烤出焦
色後完成。

法式絲滑豆泥湯

Velouté de haricot blanc

將熟腰豆連同培根一起打碎即是美味的祕訣。
培根有高湯的效果，可以煮出滿滿鮮味。

將白豆燉菜攪打至光滑，再加入牛奶、奶油後溫熱即可。

材料（2～3人份）

白豆燉菜（p.115）… ⅕ 量（約 340g）
水 … ¾ 杯
牛奶 … ¾ 杯
奶油 … 8g
鹽、胡椒粉 … 各少許
粗粒黑胡椒粉、喜好的麵包 … 各適量

❶ 以果汁機攪打

將白豆燉菜（已放涼）、水，加入果汁機中，
攪打至光滑。

❷ 加熱

將步驟①、牛奶、奶油放入鍋內加熱，以
鹽、胡椒粉調味。最後撒上粗粒黑胡椒粉，
配麵包食用。

※ 若太濃，可用水或牛奶稀釋。

Day 2

Day 3

Day 1

法式白醬焗蕈菇
Champignon à la béchamel

À table !

濃縮了菇類的香氣和鮮味，質地滑順的法式白醬，
只要有它，就能無限延伸出各種菜色。
第一天撒上起司做焗烤，請趁熱享用！

保存：冷藏 4～5 天／冷凍 3～4 週

材料（5 人份，總量約 1200g）
白洋菇、鴻喜菇、香菇、杏鮑菇等
　… 共 600g
【法式白醬】
　奶油 … 65g
　麵粉 … 65g
　牛奶 … 4 杯
　鹽 … 1 小匙
　胡椒粉 … 少許
　肉豆蔻（可按喜好）… 少許

沙拉油 … ½ 大匙
鹽、胡椒粉 … 各少許
可融起司 … 40g

Point

用奶油將麵粉炒至鬆散的狀態，炒到這個程度（如圖）即可消除麵粉味。

倒入牛奶後至煮滾前都不要攪拌，即是煮出滑順質地的關鍵。只需將一開始沾黏在鍋底的部分刮起來。

❶ 製作法式白醬
將奶油放入鍋內開中小火加熱，融化後（注意避免燒焦）將麵粉全部加入。以木鏟仔細攪拌混合，約略拌炒一下（少於 1 分鐘），直到沒有麵粉味（如下圖），期間注意避免燒焦。倒入 2 杯牛奶，用木鏟刮鍋底，在牛奶煮滾前都不要攪拌。完全煮滾後再用木鏟一口氣攪拌均勻，呈光滑狀後再倒入 1 杯牛奶，再用木鏟刮鍋底。完全煮滾再用木鏟攪拌，呈光滑狀後倒入最後的牛奶，煮滾後再攪拌均勻，以鹽、胡椒粉、肉豆蔻調味。

❷ 炒菇類
將菇類去除根部硬處，洋菇和香菇切成 5 mm 厚，杏鮑菇切成容易入口的大小，鴻喜菇剝散。平底鍋內倒入沙拉油加熱，放入所有菇類，先不要翻動，炒軟後再翻炒 8～10 分鐘，直到水分炒乾且菇類變脆，然後以鹽、胡椒粉調味。

❸ 用烤箱烘烤
將步驟②加入步驟①中，攪拌均勻。

⬇

第一天取 ⅖ 量鋪在耐熱容器中（約 480g），撒上起司，以 200℃ 的烤箱烘烤 15 分鐘，烤至焦褐色。若用無溫控小烤箱則約烤 10 分鐘。

法式蕈菇馬鈴薯舒芙蕾
Soufflé de pommes de terre aux champignons

將白醬和馬鈴薯加上蛋烤熟而成。
最大的訣竅在於打發的蛋白霜要馬上使用，不可放置。

將馬鈴薯、白醬、蛋黃混合後，再拌入少量的蛋白霜，之後再倒入剩下的蛋白霜攪拌。

材料（直徑 20 cm，容量 1200 ml 的耐熱容器 1 個）
法式白醬焗蕈菇（p.119 步驟③之前的
　未烤狀態）… ⅖ 量（約 480g）
馬鈴薯 … 2 個（約 300g）
蛋 … 3 顆
奶油、麵粉 … 各適量
鹽 … 1 小撮

❶ 將馬鈴薯搗碎，和白醬混合

將馬鈴薯切成扇形，放入大的耐熱調理盆中蓋上保鮮膜，用微波爐加熱 6 分鐘，再趁熱用叉子搗碎成柔滑狀。接著加入白醬焗蕈菇，再次蓋上保鮮膜，用微波爐加熱 1 ～ 2 分鐘。

❷ 蛋的前置處理

將蛋黃和蛋白分開，把蛋黃加入步驟①中攪拌。

❸ 烘烤的前置處理，製作蛋白霜

將烤箱預熱 180℃，在耐熱容器中塗上一層薄薄的奶油，撒上薄薄的麵粉。接著將蛋白、鹽放入大調理盆中，打發成尖角挺立的蛋白霜。

❹ 用烤箱烘烤

舀一勺步驟③的蛋白霜放入步驟②中，輕柔地攪拌。接著放入剩下的蛋白霜輕柔攪拌，避免壓掉發泡。之後倒入耐熱容器中，以 180℃ 的烤箱烘烤 30 分鐘。

法式蕈菇火腿三明治
Croque monsieur à la forestière

豪華版的法式三明治，
用法式白醬焗蕈菇來製作可享受到嚼勁。

夾入火腿可以增添適當鹹味，吃起來更美味。

材料（2 人份）
法式白醬焗蕈菇（p.119 步驟③之前的
　未烤狀態）… ⅕ 量（約 480g）
吐司 … 4 小片
火腿 … 2 片
奶油 … 適量
可融起司 … 30g

❶ 將麵包夾入火腿

將吐司塗上薄薄的奶油並夾入火腿，做出 2 個三明治。

❷ 以無溫控小烤箱烘烤

將步驟①放在小烤箱的烤盤上，將白醬焗蕈菇鋪在吐司上，再放上起司，以小烤箱烘烤 10 分鐘。

Day 2

Day 3

À table!

保存：冷藏 4 ～ 5 天／不可冷凍

普羅旺斯什錦根菜

Légumes racine "à la barigoule"

「Barigoule」是普羅旺斯地區的料理。
此處以風味相近的牛蒡代替原本使用的朝鮮薊。
脆脆的蔬菜吸收了培根的鮮味，十分美味。

材料（5 人份，總量約 800g）

蓮藕 … 300g
牛蒡 … 2 條（約 250g）
小洋蔥（或洋蔥 1 個）… 200g
培根（塊狀）… 100g
蒜頭 … 2 瓣
橄欖油 … 4 大匙
月桂葉 … 1 片
百里香 … 少許
普羅旺斯香料 * … 1 小撮
白酒 … ½ 杯
鹽、胡椒粉 … 各適量
水 … ⅓ 杯

* 普羅旺斯香料（Provence Herbs）… 也稱作「Herbes de Provence」，含百里香、鼠尾草及迷迭香等的綜合香料

❶ 材料的前置處理
將蓮藕切大滾刀塊。牛蒡斜切長條。把較大的小洋蔥對半切。蒜頭橫切成 3 等分。培根切成粗長條狀。

❷ 拌炒
鍋內倒入橄欖油，放入蒜頭、培根以中小火拌炒。待蒜頭稍微上色後加入蓮藕、牛蒡、小洋蔥拌炒，讓所有材料均勻裹油。

❸ 燜煮
加入所有香草料、白酒、⅔ 小匙鹽、胡椒粉，轉大火將白酒確實煮滾。白酒剩下一半後倒入水，蓋上鍋蓋轉小火，不時掀蓋攪拌，約燜煮 8 分鐘至牛蒡變軟。之後轉大火將煮汁收汁，以鹽、胡椒粉調味。

↓

第一天取 ⅖ 的量（約 320g）直接享用。

Point

在稍微炒過的蔬菜裡加入白酒、香草等，以增添風味。

加入少量的水分蓋上鍋蓋燜煮。這種方式煮出來的蔬菜口感佳，味道濃郁。

黃芥末籽煮根菜雞肉

Légumes racine et cuisse de poulet à la moutarde à l'ancienne

搭配表皮煎出焦香的雞肉，是什錦根菜的升級變化版，
再用黃芥末籽醬的酸味增添料理風味。

Point

將雞肉幾乎煎熟後，放入什
錦根菜加水燜煮，讓味道融
入所有材料。

材料（2人份）
普羅旺斯什錦根菜（p.123）… ²∕₅ 量
　（約 320g）
雞腿肉 … 1 大片（約 300g）
鹽 … ½ 小匙
胡椒粉 … 少許
橄欖油 … 1 小匙
水 … ½ 杯
黃芥末籽醬 … 1 大匙

❶ 雞肉的前置處理
將雞肉切成6～8等分，以鹽、胡椒粉抓醃。

❷ 煎雞肉
平底鍋內倒入橄欖油加熱，雞肉表皮朝下並
排放入鍋內，開中火，不翻動，煎約 2 分鐘
至表皮酥脆。翻面，用紙巾將平底鍋中煎出
的油脂擦掉。

❸ 燜煮
將什錦根菜、水加入步驟②中，蓋上鍋蓋以
中火燜煮 3 ～ 4 分鐘。雞肉煮熟後掀起鍋
蓋，煮去多餘的水分後關火，再加入黃芥末
籽醬混合。

根菜番茄乾義大利麵沙拉

Conchinglie rigate aux petits lardons et légumes racine

搭配義大利麵，
即可做出同時享受脆硬和 Q 勁口感的沙拉。
番茄乾是決定風味的關鍵。

Point

義大利麵放涼後，再加入義
大利香芹和酒醋攪拌。

材料（2人份）
普羅旺斯什錦根菜（p.123）
　… ⅛ 量（約 160g）
短型義大利麵（喜好的種類）… 100g
番茄乾（油漬）… 2 ～ 3 顆（30g）
義大利香芹（有的話）… 少許
紅酒醋 … ½ 大匙
鹽 … 少許
粗粒黑胡椒粉 … 少許

❶ 煮義大利麵
在熱水裡加鹽煮義大利麵，烹煮時間比麵袋
標示少 1 分鐘。

❷ 配料的前置處理
將番茄乾、義大利香芹切細條。

❸ 攪拌混合
將什錦根菜、番茄乾放入大調理盆中，再放
入煮好瀝乾的義大利麵，充分混合。靜置降
溫之後，加入紅酒醋、義大利香芹混合。接
著盛至容器，撒上粗粒黑胡椒粉。

p.110

「法式奶油彩蔬」與變化料理

Day 1

材料（2人份）與作法：

【主菜】將 ¼ 個洋蔥（切薄片）、8 隻蝦子（撒上鹽、胡椒粉）用 1 大匙沙拉油快速略炒，倒入 ½ 杯白酒收汁至剩一半的量。接著加入 1 杯鮮奶油（乳脂肪含量 40％以上）、6 根綠蘆筍（斜切）迅速煮一下，再以鹽、胡椒粉調味。

【甜點】將切碎的適量薄荷、20 顆小草莓放入調理盆中，再加入 1 小匙 kirsch 櫻桃酒、2 大匙砂糖混合，放入冷藏庫靜置約 30 分鐘。之後盛至容器，淋上 100g 瑞可塔起司。

前菜

p.110

法式奶油彩蔬

Day 2

材料（2人份）與作法：

【前菜1】將略少於 1 小匙的法式黃芥末醬、2 撮鹽、少許胡椒粉、2 小匙紅酒醋、1 又 ½ 大匙沙拉油加入調理盆中混合，再加入奶油萵苣與皺葉萵苣（共 150g，撕開），拌勻。

【前菜2】將喜好的火腿和迷你酸黃瓜（法國產小型酸黃瓜）裝盤。

前菜1

翠綠蔬菜沙拉

Day 3

材料（2人份）與作法：

【主菜】將 1 杯牛奶、½ 小匙鹽、少許胡椒粉混合，放入 6 小塊法國麵包，吸飽牛奶。將 1 顆蛋和 1 大匙起司粉混合，加入麵包裡混拌。接著用平底鍋融化 10g 奶油，以小火將麵包每面煎 2 分鐘。再和生火腿一起裝盤，並撒上粗粒黑胡椒粉。

【甜點】將 1 小根香蕉（橫切一半）的切面抹上 2 小匙砂糖，再用手壓一壓。接著用平底鍋加熱融化 10g 奶油，將香蕉的砂糖面朝下放入鍋內，煎至褐色。淋上 1 小匙蘭姆酒並盛至容器，再放上冰淇淋和切碎的核桃。

前菜

p.112

法式羅勒蔬菜沙拉

的套餐搭配

將介紹過的料理，搭配前菜和
甜點的三組套餐建議。

Pla

主菜

奶油燉蘆筍鮮蝦

Dessert

甜點

薄荷漬草莓

Deuxième Entrée

前菜2

火腿拼盤

Pla

主菜

p.112

法式蔬菜布丁塔

Pla

主菜

法式蛋煎麵包

Dessert

甜點

焦糖香蕉

五味坊 128

法式家常料理一菜 3 吃

法國家庭善用當日大分量料理，巧妙變成未來兩天不同主菜的聰明方法，省時省食材，
美味更勝常備菜！

原 書 名 ——	フランス人はたくさん仕込んで 3 度愉しむ。	【日文版製作人員】
作 者 ——	上田淳子	攝　影：新居明子
譯 者 ——	邱婉婷	圖書設計：福間優子
		料理設計：花沢理
總 編 輯 ——	王秀婷	法文翻譯：Adélaïde GRALL ／ Juli ROUMET
主 編 ——	洪淑暖	校　對：麦秋アートセンター（麥秋 Art Center）
版 權 ——	徐昉驊	編　輯：飯村いずみ
行 銷 業 務 ——	黃明雪	印刷指導（Printing direction）：江澤友幸（大日本印刷）
		調理助手：高橋ひさこ

發 行 人 —— 涂玉雲

出 版 —— 積木文化
104 台北市民生東路二段 141 號 5 樓
電話：(02)2500-7696　傳真：(02)2500-1953
官方部落格：http://cubepress.com.tw
讀者服務信箱：service_cube@hmg.com.tw

發 行 —— 英屬蓋曼群島商家庭傳媒股份有限公司城邦分公司
台北市民生東路二段 141 號 2 樓
讀者服務專線：(02)25007718-9
24 小時傳真專線：(02)25001990-1
服務時間：週一至週五 09:30-12:00、13:30-17:00
郵撥：19863813　戶名：書虫股份有限公司
網站　城邦讀書花園｜網址：www.cite.com.tw

香港發行所 —— 城邦（香港）出版集團有限公司
香港灣仔駱克道 193 號東超商業中心 1 樓
電話：+852-25086231　傳真：+852-25789337
電子信箱：hkcite@biznetvigator.com

新馬發行所 —— 城邦（馬新）出版集團 Cite (M) Sdn Bhd
41, Jalan Radin Anum, Bandar Baru Sri Petaling, 57000 Kuala Lumpur, Malaysia.
電話：(603) 90563833　傳真：(603) 90576622
電子信箱：services@cite.my

封 面 設 計 —— 曲文瑩
製 版 印 刷 —— 上晴彩色印刷製版有限公司

FRANCE-JIN WA TAKUSAN SHIKONDE 3DO TANOSHIMU. by Junko Ueda
Copyright © 2022 Junko Ueda
All rights reserved.
Original Japanese edition published by Seibundo Shinkosha Publishing Co., Ltd.
This Traditional Chinese language edition is published by arrangement with
Seibundo Shinkosha Publishing Co., Ltd., Tokyo, in care of Tuttle-Mori Agency, Inc., Tokyo
through AMANN CO., LTD., Taipei.
Complex Chinese translation copyright © 2023 by Cube Press, a division of Cite Publishing Ltd.

【印刷版】
2023 年 1 月 31 日　初版一刷
售　價／NT$ 540
ISBN　978-986-459-476-4

【電子版】
2023 年 1 月
ISBN　978-986-459-477-1（EPUB）

國家圖書館出版品預行編目 (CIP) 資料

法式家常料理一菜三吃：法國家庭善用當日大分量料理，巧妙變成未來兩
天不同主菜的聰明方法，省時省食材，美味更勝常備菜！/ 上田淳子著；
邱婉婷譯 .-- 初版 .-- 臺北市：積木文化出版：英屬蓋曼群島商家庭傳
媒股份有限公司城邦分公司發行，2023.01
面；　公分 . --（五味坊；128）
譯自：フランス人はたくさん仕込んで 3 度愉しむ。
ISBN 978-986-459-476-4（平裝）

1.CST: 食譜 2.CST: 法國

427.12　　　　　　　　　　　　　　　　　　　111020269